内地からみた北海道の農業と農協

【編者】
坂下明彦／北海道地域農業研究所

【執筆者】
安藤光義　盛田清秀　田畑　保　増田佳昭
青柳　斉　両角和夫　板橋　衛　林　芙俊
正木　卓　高橋祥世

筑波書房

はじめに

北海道地域農業研究所は、一九九〇年の設立から三〇周年を迎えました。設立当初の一〇年くらいは単協や市町村の農業振興計画を当研究所との共同研究と位置づけてもらい、基礎調査報告書も『研究叢書』として刊行しておりました。その後は、北海道段階での農業関連団体・機関からの委託研究に重点が移ったこともあり、報告書の公表も会員を除いて難しい状況になっておりました。

そこで三〇周年を期に研究所の発信力を強化するためにホームページの強化とそこでの報告書の公開、さらに機関誌『地域と農業』の充実を図ることとしました。その一環として機関誌に北海道にゆかりのある大学の先生方から北海道の農業・農協に関する提言をいただく企画を開始しました。二〇二〇年度には「次の一〇年にむけて」、二〇二一年度には「日本の中の北海道農業と農協」をテーマとして都合八名にのぼる研究者のみなさんから寄稿をいただきました。この場を借りて改めてお礼を申し上げます。

コロナ禍のもとで調査研究が難しい環境が続いておりますが、この連載に北海道側の中堅の研究者からのコメントを付け加えて一書として刊行し、研究交流の一助にすることとしました。

本書を通じて北海道の農業と農協への関心が高まることを期待するとともに、北海道内においても身近な農業・農協の見方を相対化する契機としていただけると幸いです。

最後に、これからも研究所による発信を強化することをお誓いするとともに、今後の北海道の農業あるいは農協の発展について連携を強めることをお願いいたします。

なお、本書に登場する書き手のうち、板橋・正木両氏は当研究所の研究員経験者です。本研究所が引き続きポスドクの受け入れ機関としての役割を果たせることを願っています。

二〇二二年八月

北海道地域農業研究所

もくじ

内地からみた北海道の農業と農協

I　農業の現在と未来

1　都府県からみた北海道農業―課題と示唆―

安藤光義

はじめに

本稿では北海道農業の姿を都府県との比較を通じて描くことにしたい。北海道は都府県とは異なる別の世界なのか、それとも都府県の将来の姿を何らかの形で示していると考えればよいのか。最初に紋切り型の二者択一の問いを投げかけたうえで、農業センサスの数字を中心に検討を行うところから始めることにしたい。

(1)　食料生産基地としての北海道―普通畑作と酪農―

北海道は日本の「食料供給基地」と呼ばれている。

平成三〇年の地域別農業産出額をみると、全国に占める北海道の割合は一三・八%と八分の一となっており、食料供給基地からイメージするほど大きな数字ではない。しかし、品目別にみると北海道農業がなければ日本の食料供給は成り立たない。**表1・1**をみると分かるように、普通畑作と酪農は北海道に生産が集中している。麦類は五六・〇%、乳用牛五三・八%、生乳五一・二%と半分以上が北海道で生産されており、豆類も四七・七%とほぼ半分、いも類と雑穀で三割以上となっている。工芸作物は茶などがあるためそこまで高くはないが、二三・二%と全国の四分の一近くを占めている。また、乳用牛以外の畜産が占める割合も大きく、肉用牛生産では南九州に次ぐ位置にある。米は六・四%だが、新潟に次いで全国第二位、野菜も九・八%で全国の一割を占めている。普通畑作以外の耕種部門もかなりの生産額を有している。

普通畑作と酪農について北海道は都府県とかけ離れた存在であり、このことが次にみる農業構造における都府県との間の大きな違いとなってあらわれていると考えられる。また、普通畑作物や工

表1.1　農業産出額における北海道の占める割合（2018年）

作目	割合（%）
麦　類	56.0
豆　類	47.7
いも類	32.8
雑　穀	30.9
工芸作物	23.2
野　菜	9.8
米	6.4
肉用牛	13.7
豚	7.2
乳用牛	53.8
うち生乳	51.2

資料：平成30年生産農業所得統計より筆者作成

芸作物と牛乳・乳製品についての国境措置や経営所得安定対策などの生産支持は北海道として絶対に譲ることのできない死活問題ということになる。折角登ったのに梯子を外されては元も子もなくなってしまう。

（2）構造政策の優等生としての北海道

兼業農家の滞留構造が形成された都府県に対し、北海道は「構造政策の優等生」とされてきた。離農が進む一方で、その跡地は残った農家に集積され、規模拡大が進んできたからである。これは都府県に比べて十分な地域労働市場の展開がなかったことによる。

経営耕地面積規模別農業経営体への経営耕地面積の集積状況の推移を都府県と北海道について示したのが**表1・2**と**表1・3**である。

最初に都府県の推移を示した**表1・2**をみていただきたい。これをみると分かるように、五ha以上層への経営耕地面積の集積率は二〇〇五年一割、二〇一〇年三割、二〇一五年四割、二〇二〇年五割と五年おきに一割ずつ増加している一方、経営耕地面積の総量は減少しており、二〇〇五年から二〇二〇年にかけて一五％も減っている。農地を減らしながら構造改善が進んできたということに加え、二〇二〇年現在でも経営耕地の四分の三を二〇ha未満層が、さらに経営耕地の半分を五ha未満層が担っているというのが実情である。北海道でみられるような五〇ha以上、一〇〇ha以上の大規模経営への集積率は増加傾向にあるとはいうものの、五〇ha以上で一割、一〇〇ha以上になると五％とまだ小さい。

次に北海道の推移を示した**表1・3**をみていただきたい。北海道では五ha未満層の存在はほぼないに等しく、一〇ha未満層も二〇〇五年当時は九％のシェアがあったが、二

表 1.2　経営耕地面積規模別農業経営体への経営耕地面積集積状況の推移（都府県）

単位：ha、％

	5ha 未満	5〜10	10〜20	20〜30	30〜50	50〜100	100ha 以上	計
2005	2,060,211	271,013	139,054	48,749	38,905	30,770	32,102	2,620,804
2010	1,741,141	303,993	190,745	93,895	95,872	76,753	60,936	2,563,335
2015	1,434,961	316,646	234,452	115,974	121,707	100,648	76,606	2,400,993
2020	1,099,048	299,245	262,581	144,603	159,637	142,165	110,571	2,217,850
2005	78.6	10.3	5.3	1.9	1.5	1.2	1.2	100.0
2010	67.9	11.9	7.4	3.7	3.7	3.0	2.4	97.8
2015	59.8	13.2	9.8	4.8	5.1	4.2	3.2	91.6
2020	49.6	13.5	11.8	6.5	7.2	6.4	5.0	84.6

資料：各年農業センサスより筆者作成（2020 年は概数値）
注：1）パーセントは「計」に対する数字
　　2）「計」の数字は 2005 年を 100 とした指数

表 1.3　経営耕地面積規模別農業経営体への経営耕地面積集積状況の推移（北海道）

単位：ha、％

	5ha 未満	5〜10	10〜20	20〜30	30〜50	50〜100	100ha 以上	計
2005	32,120	69,144	157,461	150,766	243,985	288,886	129,859	1,072,222
2010	23,715	48,485	135,505	143,422	244,354	310,748	162,023	1,068,251
2015	18,845	38,186	115,307	133,529	233,044	305,954	205,584	1,050,451
2020	14,459	29,598	91,707	116,994	221,642	295,542	268,940	1,038,882
2005	3.0	6.4	14.7	14.1	22.8	26.9	12.1	100.0
2010	2.2	4.5	12.7	13.4	22.9	29.1	15.2	99.6
2015	1.8	3.6	11.0	12.7	22.2	29.1	19.6	98.0
2020	1.4	2.8	8.8	11.3	21.3	28.4	25.9	96.9

資料：各年農業センサスより筆者作成（2020 年は概数値）
注：1）パーセントは「計」に対する数字
　　2）「計」の数字は 2005 年を 100 とした指数

〇二〇年には四％しかない。一〇～二〇ha層が担う農地面積も減少しており、二〇二〇年には一割を切り、二〇～三〇ha層も二〇一五年から二〇二〇年にかけては減少傾向が明確になり、北海道では三〇ha未満層が担う農地は四分の一にすぎない。逆に言えば三〇ha以上層が農地の四分の三を担っていることになる。ハードルを五〇ha以上層に上げても農地の過半（二〇二〇年の数字で五四％）が集積されている。経営耕地面積の減少は僅かにとどまっており、二〇〇五年から二〇二〇年にかけての減少率は三％にとどまる。離農跡地は残った農家に引き継がれているということであり、まさに構造政策の優等生なのである。担い手の絞り込みも進んでおり、経営耕地面積の実数ならびに集積率が一貫して増加しているのは一〇〇ha以上層だけとなっている。少数の優等生への絞り込みが過度とも言えるほどに進んでいるのが北海道農業なのであり、それは特に酪農や普通畑作で進んでいると推測できるのである。

（3）農業経営体の減少と増減分岐点の上昇

今度は農地を担う農業経営体数の変化をみることにしたい。

農業経営体と組織経営体の数の推移を都府県と北海道について示したのが**図1・1**と**図1・2**である。組織経営体の数字は二〇二〇年センサスの概数値では公表されていなかったため両図では欠落している点、予めお断りしておく。

図1・1で都府県の推移をみると農業経営体は二〇〇五年から二〇二〇年にかけて大きく減少する一方、組織経営体が増加傾向、特に二〇〇五年から二〇一〇年にかけて大きく増加していることが分かる。図では数字を示していないが、農業経営体の減少率は、二〇〇五年から二〇一〇年にかけては一六%、二〇一〇年から二〇一五年にかけては一八%、二〇一五年から二〇二〇年にかけては二二%とセンサスの度に減少率が大きくなっている。この農業経営体の減少によって放出される農地が大規模経営に集積されないまま農地が減っているというのが都府県の動きである。組織経営体の増加は、二〇〇七年に導入された品目横断的経営安定対策が課した規模要件に対応するため集落営農が設立されたことが大きい。二〇〇五年から二〇一〇年にかけては一一%の増加となったが、二〇一〇年から二〇一五

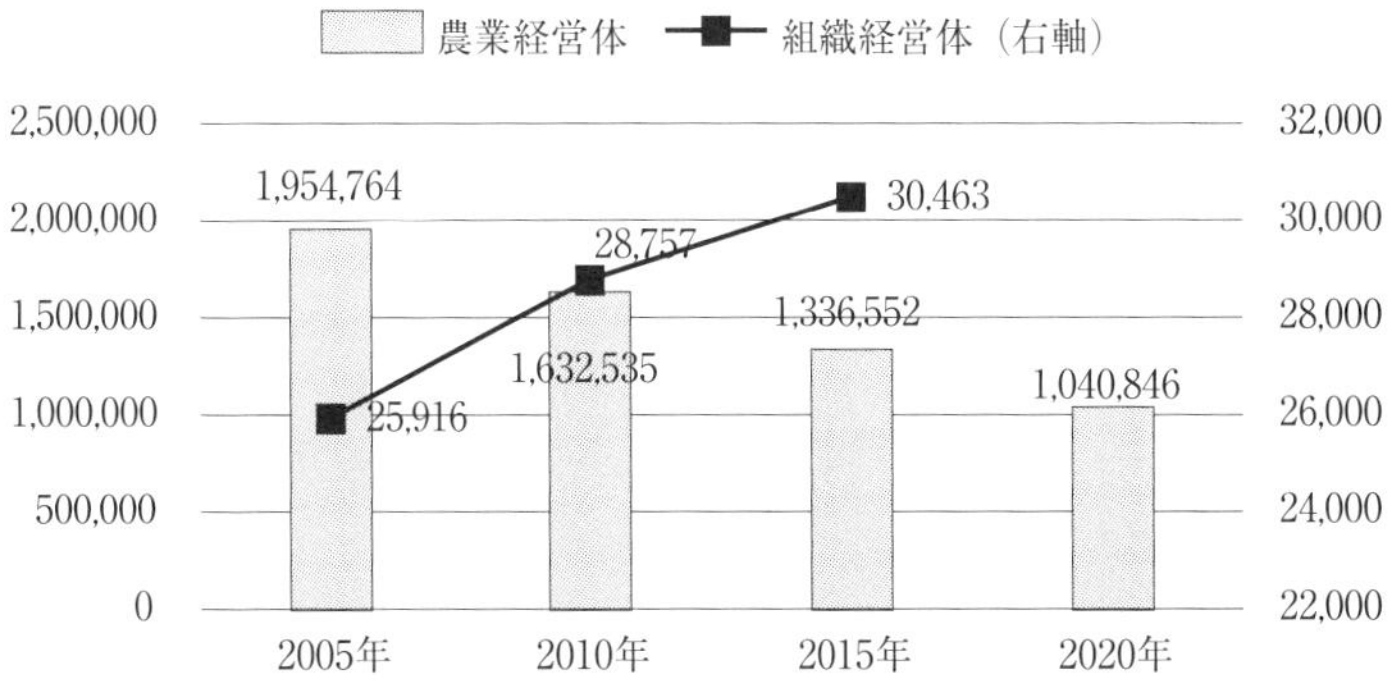

図1.1　都府県における農業経営体数の推移

資料：各年農業センサス（2020年は概数値）から筆者作成

年にかけては六％の増加と勢いが鈍っているのはそのためであろう。話は戻るが、都府県は農業経営体の減少によって農地が失われており、近年になるほどその度合いが増しているのである。

北海道の推移を示したのが**図１・２**である。都府県ほどではないが北海道も農業経営体の減少が続いている一方、都府県とは異なり二〇一〇年から二〇一五年にかけて組織経営体が急増している。これも図では数字を示していないが、農業経営体の減少率は、二〇〇五年から二〇一〇年にかけては一五％、二〇一〇年から二〇一五年にかけては一三％、二〇一五年から二〇二〇年にかけては一四％とコンスタントな減少率となっている。農業経営体は減少が続く一方で、そこから放出された農地は残った農家に引き継がれ、農地面積は何とか維持されてきたということである。興味深いのは組織経営体が二〇一〇年から二〇一五年にか

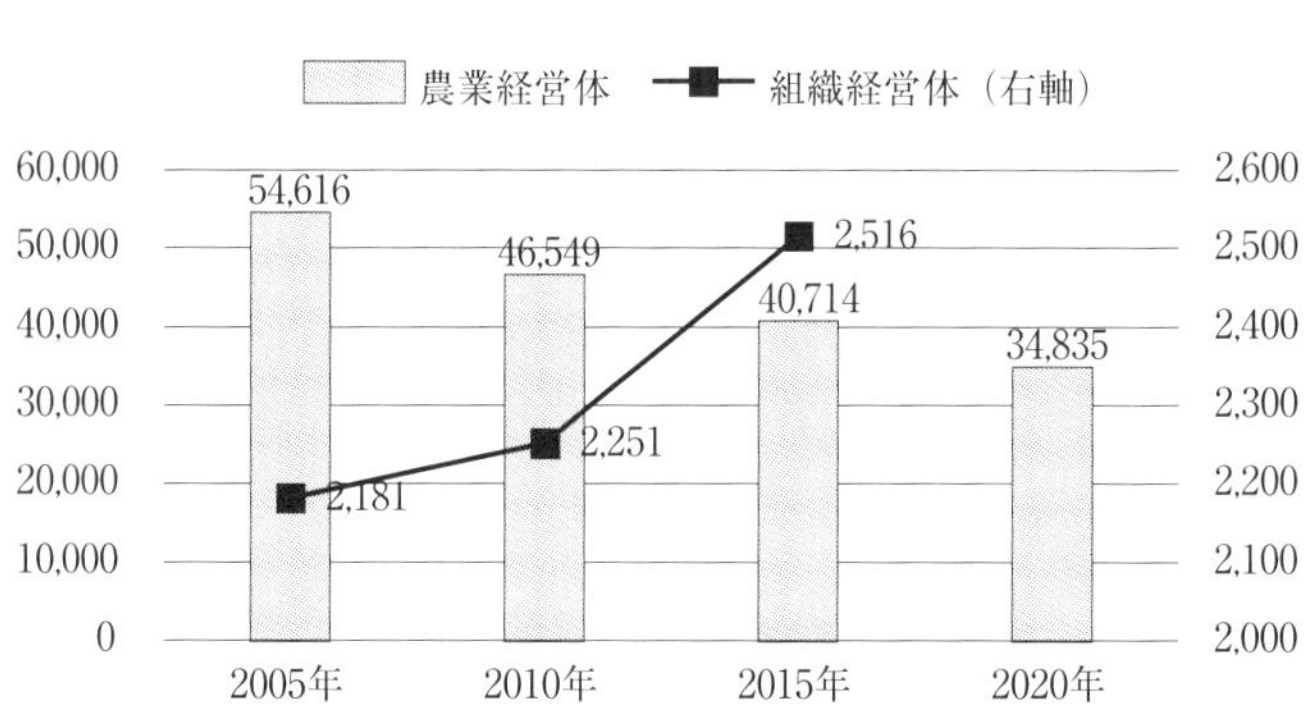

図1.2　北海道における農業経営体数の推移

資料：各年農業センサス（2020年は概数値）から筆者作成

けて大きく増加した点である。北海道では都府県の集落営農にあたる地域連携型法人の設立が進められた時期があったが、それは前の時期であり、品目横断的経営安定対策の影響を受けたとは考えにくい。離農跡地を引き受ける農地受け皿法人[注1]や後継者不在に対応するための複数戸法人[注2]の設立がこの時期に進んだということであろうか。組織経営体の動向については、二〇一五年から二〇二〇年にかけての動きも含め、北海道独自の動きとして注目したいと思う。

次に経営耕地面積規模別にみた農業経営体数の増減をみることにしよう。**図1・3**が都府県、**図1・4**が北海道の推移を示したものである。

都府県の大規模経営の増加率は、二〇〇五年から二〇一〇年にかけての数字が他の時期と比べて突出して高くなっている。二〇〜三〇ha層で九〇・〇％増、一〇〇ha

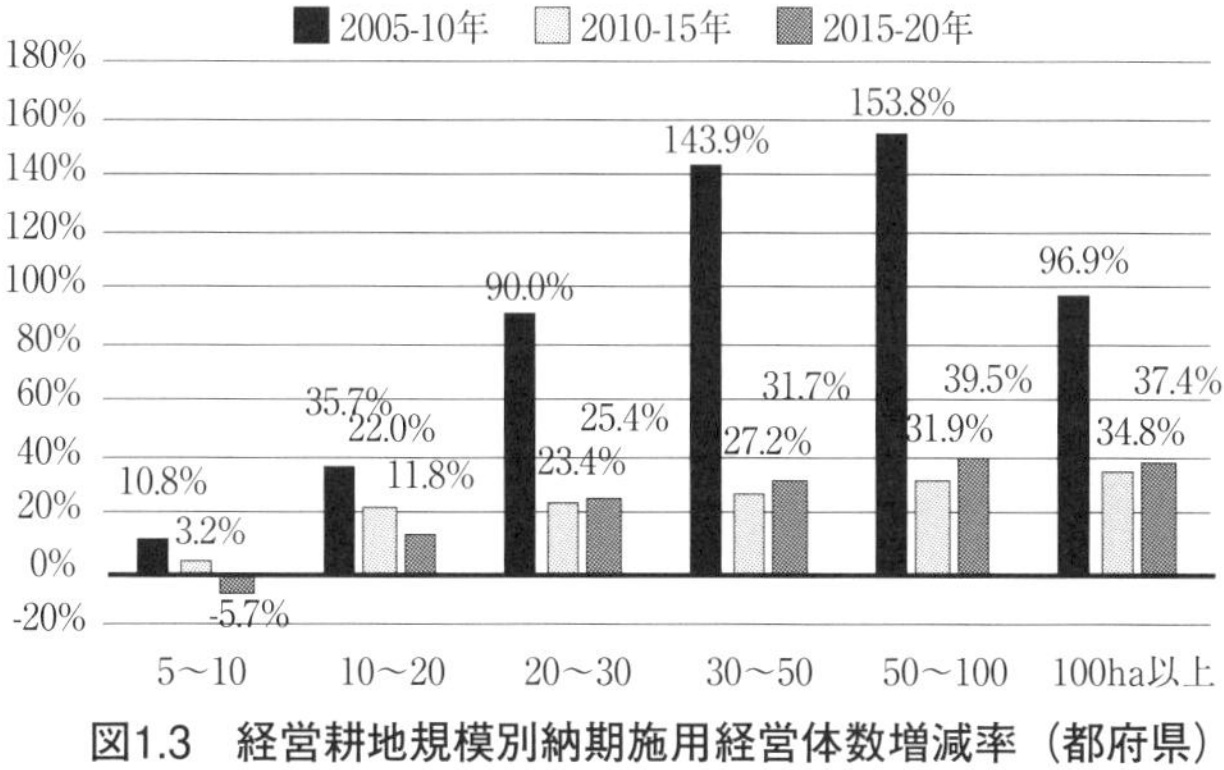

図1.3　経営耕地規模別納期施用経営体数増減率（都府県）

資料：各年農業センサス（2020年は概数値）より筆者作成

以上層で九六・九%増、三〇～五〇ha層は一四三・九%増、五〇～一〇〇ha層は一五三・八%増となったが、これは前述したように品目横断的経営安定対策が課した規模要件に対応するための集落営農の設立による影響である。最近の大きな変化は五～一〇ha層が二〇一五年から二〇二〇年にかけては減少に転じてしまい、増加しているのは一〇ha以上層になったが、一〇～二〇ha層の増加率はセンサスの度に小さくなっており、今後も増加が見込まれるのは二〇haよりも上の階層に絞り込まれてきた点である。増減分岐点は今後も上昇していくことが予想される。ただし、**表1・2**でみたように二〇ha以上層への農地集積率は依然として低く、少数の突出した大規模経営が農地の大半を担うような農

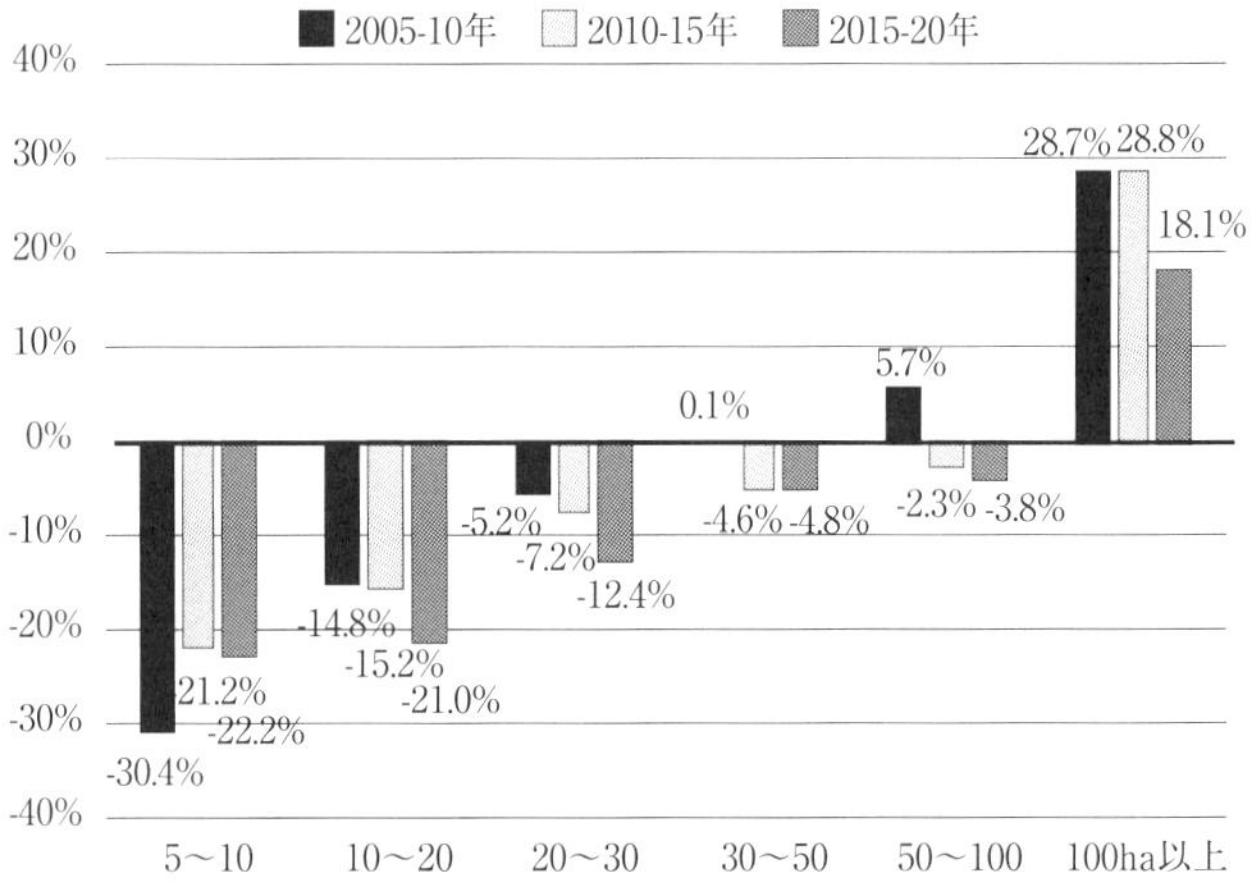

図1.4　経営耕地面積規模別農業経営体数増減率（北海道）

資料：各年農業センサス（2020年は概数値）より筆者作成

業構造が実現するとは考えにくい。それが実現するのは条件不利地域が軒並み切り捨てられた場合ではないだろうか。

北海道では増減分岐点がひたすら上昇を続けており、都府県では大規模経営にあたる階層でさえ減少が続いている。二〇〇五年から二〇一〇年にかけて三〇～五〇ha層は辛うじて〇・一%の増加、五〇～一〇〇ha層も五・七%の増加であったが、二〇一〇年以降は両者とも減少に転じてしまい、増加しているのは一〇〇ha以上層のみとなっている。しかも、二〇一五年から二〇二〇年にかけて一〇〇ha以上層の増加率は以前よりも小さくなっている。

今後もさらなる規模拡大を追求していくのか（路線1）、その場合、個別経営でいくのか（路線1―1）、複数戸法人でいくのか（路線1―2）。それとも規模拡大とは別の方向を考えていくのか（路線2）。この路線選択の決定が北海道農業にとって重要かつ緊急の課題となっているように思う。また、北海道では少数の大規模経営によって農地が担われる構造が実現しているため、こうした経営の経営継承が決定的に重要となっている。経営継承は単なる個別の経営問題ではなく、地域農業の問題でもあるのである。同様の状況は都府県でも中山間地域を中心に広がってきており、特に集落営農の経営継承は差し迫った問題となっているだけに北海道の農地受け皿法人や複数戸法人の動向に関心が寄せられるところである。ただし、都府県の場合、農地は売買ではなく貸借での移動であり、負債問題からは解放されているため、いざとなれば放棄してしまうことも選択肢として残されており、実際、そうした状況も広がっている。北海道もその箍が外れてしまえば都府県と同様になるのだろうか。

（4）基幹的農業従事者の減少と高齢化

最後に農業労働力の減少と高齢化の状況をみておこう。二〇二〇年センサスでは統計区分が変更されたため二〇一五年までの数字となっている点、予めお断りしておく。

都府県の年齢別基幹的農業従事者数の推移を示したのが**図1・5**である。一目見て分かるように六〇歳台と七〇歳台が大きな山を形成しているが、次第にその高さが低くなり、ピークも七〇〜七四歳から六五〜六

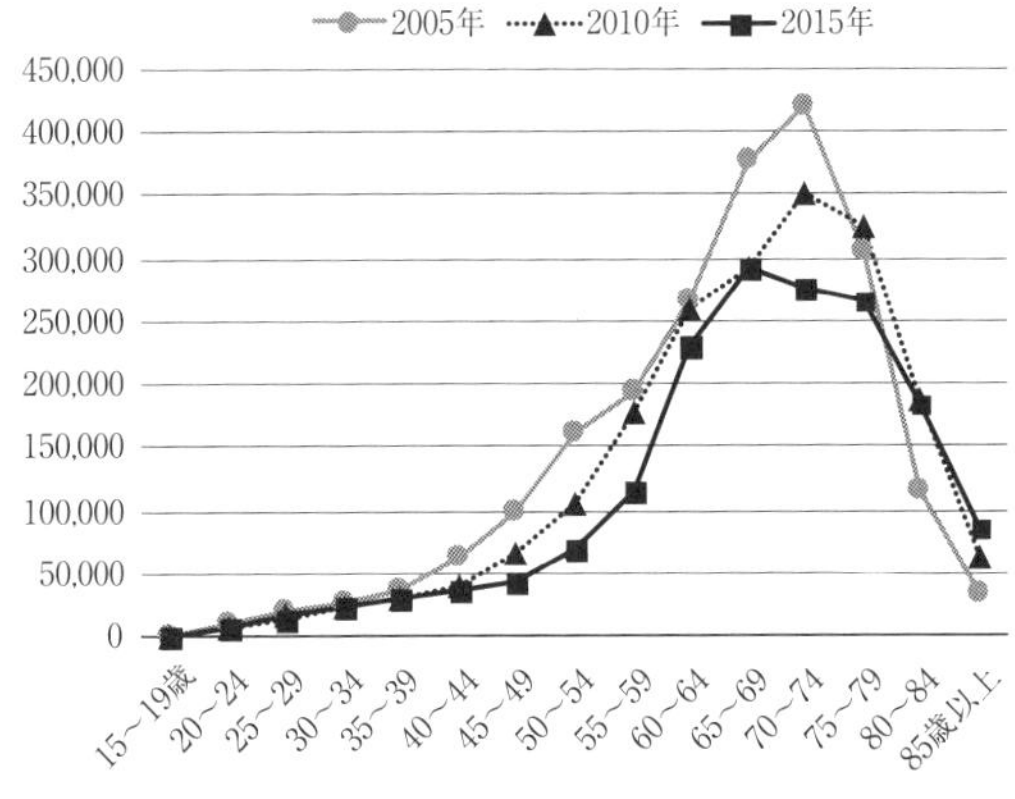

図1.5　年齢別基幹的農業従事者数の推移（都府県）

九歳に移行してきている。六〇～六四歳の数はそれほど大きく減っておらず、定年退職に伴い、一定の数が基幹的農業従事者になっていると推測される。四〇歳台と五〇歳台は一貫して減少しており、会社勤めを途中で辞めて農業を主たる職業としていく数は減っているが、五年経過するごとに当該年齢層の基幹的農業従事者の数は増えており、雪崩をうって減少が進んでいるわけではない点、注意する必要がある。そして、年を経るに従いその数を増やして基幹的農業従事者の高齢層の山を形成しているのである。こうした動きの背景には家業として農業を継承する規範がまだ残っているということなのかもしれない。

ただし、その結果として都府県の基幹的農業従事者の高齢化は著しいものがある。**図1・6**は二〇一五年の年齢別基幹的農業従事者数の割合を示したものだが、八〇歳台が実に一六%を占め、七〇歳台が三二%となっており、七〇

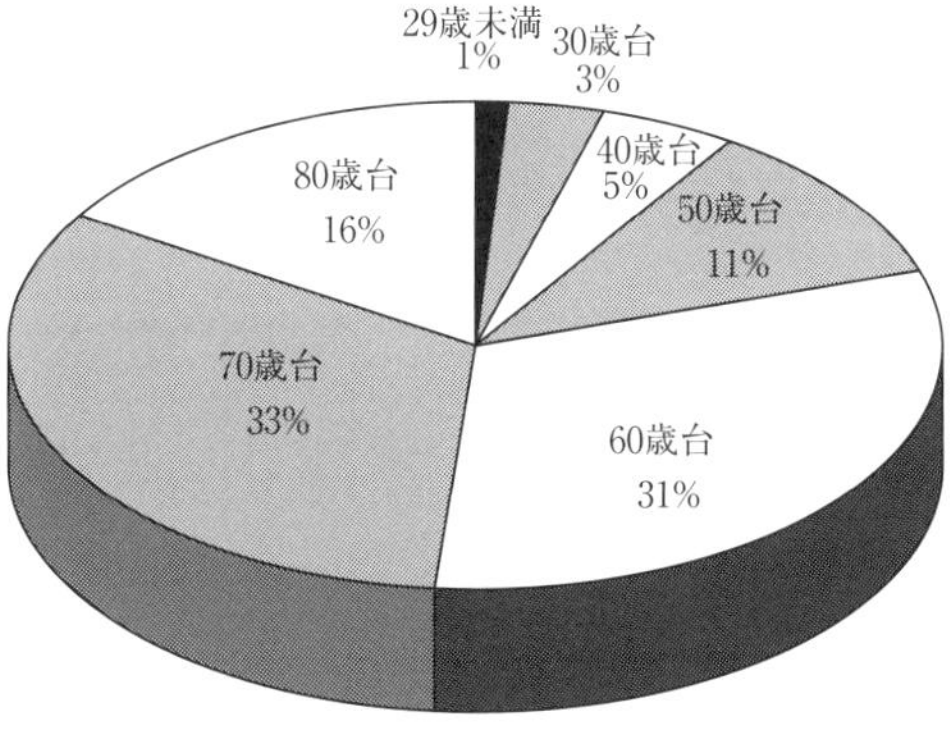

図 1.6　年齢別基幹的農業従事者数割合（2015 年・都府県）

歳以上が四八％と約半分になっている。六〇歳台は三一％で六〇歳以上が七九％と八割を占める状況である。五〇歳台は一一％と一割、四〇歳以下は九％と一割を切るなど青壮年層が著しく少ない。高齢者の頭数で支えられているのが都府県の農業なのである。

都府県と比べると北海道はかなり恵まれた状況にある。北海道の年齢別基幹的農業従事者数の推移を示した**図1・7**をみると分かるように、高齢者の山は存在しているものの、その高さは低く、年齢の若い基幹的農業従事者が相対的に多くなっている。基幹的農業従事者の年齢層のピークは二〇〇五年の五〇～五四歳で、二〇一〇年には五五～五九歳、二〇一五年には六〇～六四歳と移行しながら山の頂上も移動している。北海道は都府県と異なり、六〇歳以上層が基幹的農業従事者となる動きはみられない。三〇歳台後半、遅くとも四〇歳代前半までに

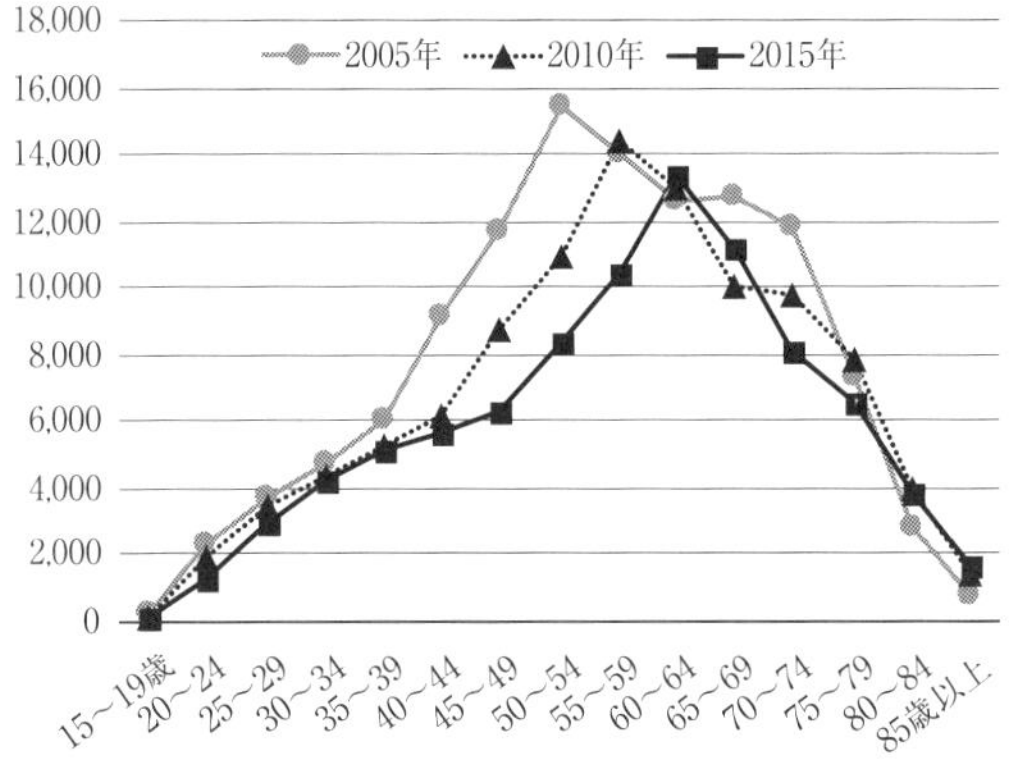

図1.7　年齢別基幹的農業従事者数の推移（北海道）

基幹的農業従事者となった人たちがそのまま高齢化していくというのが基本的な動きである。例えば、二〇〇五年に三五～三九歳だった人たちは二〇一〇年には四〇～四四歳、二〇一五年には四五～四九歳となるが、その数に変化はほとんどなく、一つ上の二〇〇五年に四〇～四四歳だった人たちについても同様のことがあてはまる。しかし、三〇歳台後半の高さが大きくならないまま、かつてのピークの半分にも満たないまま、二〇〇五年以降、推移している点が懸念される。北海道では定年退職者の参入が見込まれないため、この人数で最後まで行かなければならないのだが、技術開発の後押しがあったとしても、北海道農業の現状を支えるだけの十分な頭数に達しないかもしれないからである。二〇一五年の頂上周辺の五五～六九歳が抜けていく穴をどうやって埋めていくかが問われている。彼らの経営継承をどうするか、後継者がいない場合、どのように第三者に継承していくか、あるいは複数戸法人を設立して対応していくのか、といったことが喫緊の課題となっていると考えられる。

この不安定要素は逆に捉えれば、農業者の若返りは進み、少数精鋭への絞り込みが進んでいるということでもある。**図1・8**は二〇一五年の年齢別基幹的農業従事者数の割合を示したものだが、都府県と異なり、八〇歳台は六%、七〇歳台も一六%で七〇歳以上は四分の一に満たない。これに六〇歳台の二八%を加えても六〇歳以上は五〇%と半分で、五九歳以下が半分という状況である。**図1・7**の状況を踏まえると今後、高齢者層の占める割合は減少する一方、青壮年層の占める割合は増加していくことが予想されるが、問題は割合を増やしてくる青壮年層の実数がどうなっていくかにあるということになるだろう。

おわりに

こうしたセンサスの数字を眺めているとやはり北海道は都府県とは異なる世界だという感が強い。この理由としては酪農と普通畑作が北海道農業の基幹部門となっていることが大きい。

だが、水田作に限定すれば、都府県の平地農業地域では数十ha規模の経営は珍しくなく、さらに一〇〇haを超える規模の経営も一定数展開しており、経営面積の大きさトップ10は都府県の経営が名前を連ねることになるかもしれな

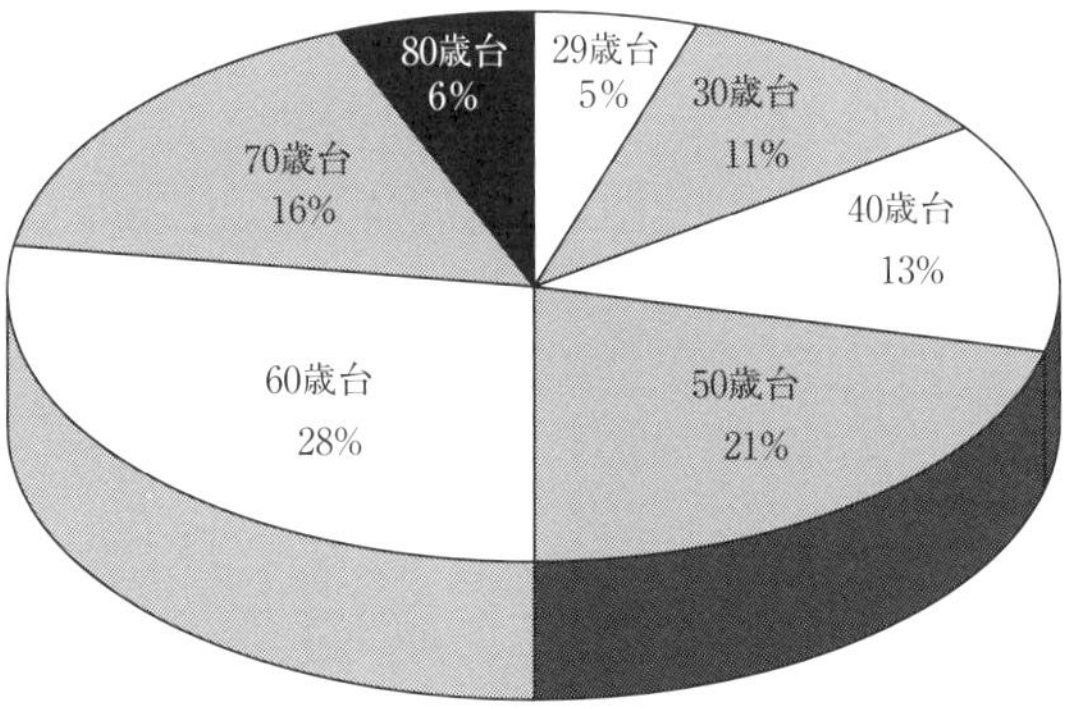

図1.8　年齢別基幹的農業従事者数割合（2015年・北海道）

い。水田作大規模経営については耕地分散などで北海道と共通する問題が生じているのではないだろうか。また、北海道の農地集積は売買が基本だが、水田作では貸借が増えている一方、都府県も北東北では売買による規模拡大が進んでいるという調査結果もあり、両者は質的に異なっているとは必ずしも言えなくなってきているように思う。

野菜作では外国人技能実習生など雇用労働力を導入した経営が展開しており、両者の差はあまりないかもしれない。ただし、北海道は人口が少ないため農村部で雇用労働力を確保するのは難しく、冬期の就業問題が制約となって外国人技能実習生の周年雇用も難しいため、雇用型経営の展開にとっては都府県よりも恵まれていない状況にある。一定水準をクリアした雇用労働力をどのようにして調達・確保するかは北海道農業にとっての課題とすることができるだろう。

雇用の難しさは散居制・低密度空間という北海道農村の特徴と密接な関係がある。最後に提起しておきたいのは、全国的に人口減少が進むなかで北海道は都府県・中山間地域の将来の姿を示すものと考えてよいかという点である。そこでは農協は少数の大規模経営のためだけの存在ではなく、社会的インフラ―Ａコープ、ガソリンスタンド、ＡＴＭなど―としての重要性が再評価されることになるだろう。都府県では古くから准組合員問題を起点に地域協同組合路線をめぐる議論が積み重ねられてきたが、北海道の動きをみることが、案外、結論に辿り着く近道となるかもしれないような気がしている。

注

（1）農地受け皿法人については、井上誠司「北海道における「農地受け皿法人」の実態とその動向」農林水産政策総合研究所『水田・畑作経営所得安定対策下における集落営農組織等の動向と今後の課題（2）』（二〇一〇）が支庁別の詳細な分析を行っている。また、「「農地受け皿法人」の多くは、前述したように耕作放棄が懸念される地域内の農地の維持に貢献した結果、経営規模の大規模化を果たしている。収益性の高くない農地をやむなく利用しているケースも少なくない。それゆえ、その多くは厳しい経営環境の下におかれており、助成金を取得してかろうじて収益を得ているのが実態である」という状況が報告されている。

（2）東山寛「北海道における担い手・農地問題の諸相と地域的対応」全国農地保有合理化協会『土地と農業』44（二〇一四）によれば、「近年の複数戸法人の伸張をリードしているのは水田作部門であり、畜産部門はすでにそのシェアが一定割合に達しているのが特徴である。畑作はどちらの面でも相対的に弱いということになるが、これは平均的な姿である」と説明されている。この論文で紹介されている条件不利地域での設立の動きは都府県・中山間地域における集落営農の設立と共通する部分があるように思われ、注目したい。

2　構造問題と北海道農業―日本農業の到達点から―

盛田清秀

はじめに

本稿の背景を、多少私事にわたるがまず述べさせていただく。

筆者は右も左もわからないまま、一九九二年四月、新千歳空港に家族とともに降り立った。二年ほど霞が関で研究管理行政をやらされた挙句のことである。北海道赴任には期待と不安（というより「嫌だな」という思い）が伴っていた。期待というのは、霞が関勤務以前の一〇年間、関東東山東海地域と、中国近畿地域の現場を二か所の国立農試に所属しながら見て歩いていたので、これでいよいよ本格的な農業地帯で仕事をできるということ。不安は、北海道農業研究と研究者のレベルの高さはつとに知られていて、自分などが北大や道立農試の研究者と肩を並べた仕事＝農業経済研究ができるだろうか、ということだった。自信喪失しそうなので「嫌だった」のである。

結果的には、期待も不安も、当初感じた通りだった。ただし、一九九九年まで七年間勤務した北海道農業試験場（現北海道農業研究センター）での経験は、日本農業（この場合都府県農業ということだが）を相対化するうえでも、また北海道農業が日本にとっていかに重要であるかを認識するうえでも大きな個人財産となった。それは今でも変わらない。

北海道在住当時は、日本農業の統一理論（つまり都府県と北海道を統一的に把握する理論）構築を目指したが、結局無理だと思い、学位論文もそういうものとなった（学位論文をもとに書いた『農地システムの構造と展開』（一九九八年）はそういう内容である）。

（1）世界農業論と世界農業類型論

この研究史的にみて古くて新しい未解決課題（北海道農業とは何ものか）を、この機会を借りて再考するというのが本稿の目論見である。

手掛かりは、その後自分なりに到達した「世界農業類型論」である。

ところで経済学の世界では、世界農業論（世界農業「類型」論と名前が似ているが別物である）という独自の領域がある。これは、簡単に言うと、経済全体とくに資本主義経済（注1）の下での固有の農業問題の全体像を描くことである。資本主義のもとで農業問題はどのような現れかたをするか、それは経済全体の中でどのように位置づけられ、他方ではどのように経済全体を制約するのか、それは資本主義の発展とどうかかわるのか、農業問題解決の見通しはあるのか、などという問題群で構成される。資本主義の発展とともに解消されると思われた「農業問題」がいつまでも解決されないまま現在に至るのだが、そういうように資本主義の草創期から続く、やや古典的といってもよい理論領域である。そして魅力的な領域でもある。

農業問題へのアプローチとしては、地代理論、あるいは価値理論からのアプローチが正統的であるが、しかしこれにひとたび関わると、大方は底なし沼に足をとられることになる。筆者としてはこの年でそういうアプローチをとろうとは思わない。ただし、今後取り組みたい若い方にひとことアドバイスめいたことをさせてもらうとすれば、農業の特殊性をより具体的側面で捉えることが有効だろうということ。つまり、地代論・価値論のようないきなり抽象化された分析枠組みから始めるのではなく、農業生産物の特殊性となぜ農業では大経営が成立しないのか（家族経営が主流であるのか）という視点から分析を始めることが有効だろう（たぶん）。そこに農業の独自性をみたうえで、経済全体との脈絡、制約と関係性を分析していくことが

「正しい」道筋と思う。

難しい話はこれくらいにして、筆者のアプローチを述べてみよう。それは、農業構造の違いはどのようにして成立したのか、発生したのか、という問題設定であり、それを解き明かすのが「世界農業類型論」だということである。

(2) 世界農業類型論とはなにか

簡単に言ってしまえば、世界の農業をいくつかに類型化し、類型成立要因を示すことである。ただし、現段階では仮説である。その証明には今後なお多くの実証作業が必要である。ではあるが、たぶん間違いはないと考えている。成立の論理が極めてシンプルで、ほかに考えようがないからである。

論より証拠ではないが、世界農業類型をまず提示する。それが**表2・1**である。

本稿の読者には大変失礼ながら、「日本」として都府県のデータを示している。北海道農業の位置づけは後ほど論じたい。そういうことでまずはお許し願いたい。

ここでは主要類型を三タイプに区分している。

区分の仕方としては、新大陸型農業と旧大陸型農業にまず二区分する。そして新大陸型農業ではアメリカを典型国とする。このタイプはオーストラリア、カナダのほか、表示していないがニュージーランドも含んでいる。これに対し、旧大陸型農業を構成するのは、東アジア諸国とヨーロッパ諸国である。旧大陸型農業はさらに、東アジア型とヨーロッパ型に区分される。東アジア型の典型国は日本（都府県）であり、中国、韓国もこれに属する。ヨーロッパ型については、EU二七か国平均をとっている（Brexit後のデータなのでイギリスはEU二七に含まれない）。なお、EU二七か国では国別に大きな違いがあることに留意する必要がある。

さて最初の問題は、なぜ類型化したのか、である。類型化の目的は、農業の構造問題を世界史的視点で捉えるためである。とはいえ、実際には規模格差に着眼して区分している。農業の構造問題という

表 2.1　世界農業の主要類型

類型	旧大陸型農業		新大陸型農業
	東アジア型	ヨーロッパ型	
典型国	日本（都府県）	EU27 カ国	アメリカ
平均経営規模(ha)	2.2	15.2	178
他の主要国と平均経営面積	中国 0.7、韓国 1.6	フランス 60.9、ドイツ 60.5 イタリア 11.0、イギリス 92.3	オーストラリア 3,125 カナダ 332

資料：日本は 2020 年農林業センサス、アメリカは USDA “2017 Census of Agriculture”、EU27、フランス、ドイツ、イタリアは eurostat statistical books “Agriculture, forestry and fishery statistics 2020 ed.”、その他は農林水産省『ポケット農林水産統計 2018』による。

注：日本は都府県の経営耕地のある農業経営体、EU27 及びヨーロッパ諸国は耕地、永年牧草、永年作物及び自家農園利用土地合計、アメリカは農場の土地面積、中国と韓国は放牧地等を含まない農地面積、オーストラリア、カナダは放牧地等を含む農用地面積。

とき、最も重要な構造差の指標は、経営規模の違いだからである。経営規模を経営耕地面積で見たとして（注2）、新大陸型農業はアメリカが一七八ha、カナダが三三二ha、オーストラリアに至っては三、一二五haである。

これに対し、旧大陸型農業は、ヨーロッパ型のEU二七か国平均が一五・二haである。前述のとおり国別の違いが大きいので、主な国をいくつかみると、フランス六〇・九ha、ドイツ六〇・五ha、イタリア一一・〇ha、そしてEU二七に含まれていないイギリス九二・三haなどとなっている。国別にみると無視できないほどの違いがあるが、しかし新大陸型農業に比べると「ケタ違いに」小さい。

旧大陸型農業の東アジア型だとさらに小規模で、日本（都府県）が二・二haで、韓国は一・六ha、中国に至っては〇・七haである。ヨーロッパ型よりさらにひとケタ小さい。

以上のとおり、経営規模差（経営面積差）が農業類型化の要点である。

（3）類型差の成立要因

それでは、この類型差はなぜ形成されたのか。あらためて、世界地図に類型を落とすと**図2・1**のようになる（注3）。

最初にお断りしておくと、「国土が狭く平地が少ないので経営規模が小さい」というのは誤りで、もっともらしく見えるが事実と異なる（注4）。これは容易に反証できる。たとえば、中国はヒマラヤを始めとした山岳地帯も多いが、一方で大平原が広がっており、それから言うと中国の平均規模が〇・七haというのは説明できない。あるいは、ヨーロッパの例では山岳の多いスイスが一七・七ha、オーストリアが一九・二ha、ノルウェーが二一・六ha（以上Eurostat, Pocketbooks; Agriculture, forestry and fishery statistics 2013 edition）という平均規模である。国土の狭さとか、平野の広がりとかは経営規模と関係がない。

では何が規模差の理由か。

これには二つの要因が作用していると考えられる。

第一は、歴史である。新大陸型農業が大規模であるの

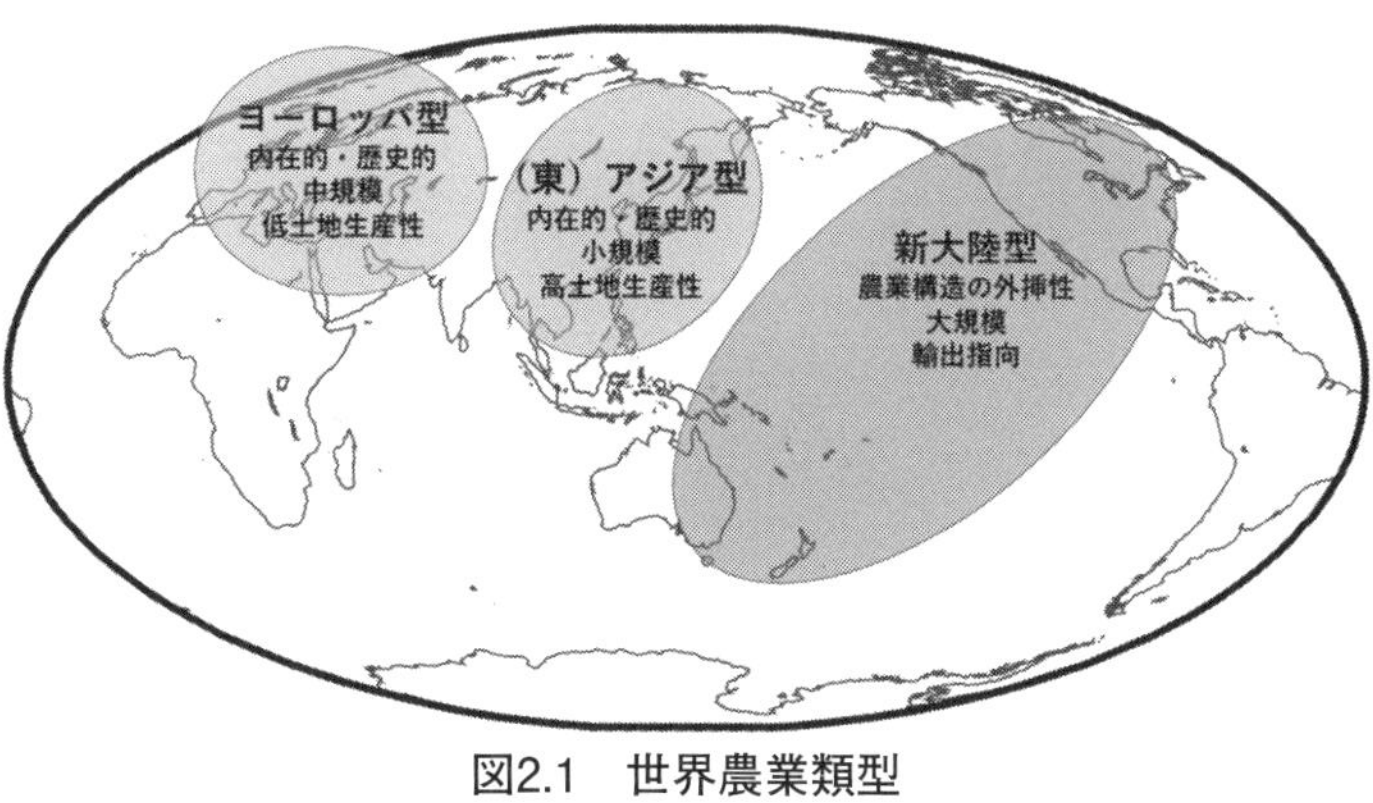

図2.1　世界農業類型

資料：帝国書院ハイマップマイスターにて盛田作成

は、開拓の歴史と切り離しては考えられない。いずれの国においても、ヨーロッパから移民が移住し、この五〇〇年以内に大規模農業を形成している。アメリカがその中で最も古い歴史をもつが、ネイティブ・アメリカンを排除し、国策にも支援され、こんにちのような大規模農場体制が構築されたのである。これに対して、長い歴史を有するヨーロッパや東アジアでは、農業技術の発達とともに長い期間をかけて現在の農業生産体制が構築されてきた。自由に経営規模を拡大する余地などなかったし、経営規模拡大が進むとしても、それは漸進的なものでしかなかった。だから、新大陸型農業と旧大陸型農業は、隔絶した規模格差（ひとケタ以上の違い）が生じている。しかも、より注目すべきは、新大陸で起きたような大規模農場の形成プロセスは、旧大陸では今後ともほぼ起きないだろうことである（注5）。

農産物をめぐる貿易摩擦の背景と根源はここにある。いわば特殊な歴史条件下で形成された特殊な大規模農業（新大陸型農業）が、規模の経済を背景とする圧倒的な競争力をもって、長い歴史の営みの中で成立してきた旧大陸型農業の存続を脅かしているのである。両者の折り合いは、それゆえ、将来にわたってつかないだろう。だからこそ、ＥＵのＣＡＰ（共通農業政策）による新大陸農業からの防衛、農業保護は正当性をもつのである。

第二の要因は、気候・風土の違いがもたらす生産力格差である。これが、旧大陸型農業内部での経営規模の違いをもたらす。東アジア型とヨーロッパ型の違いである。アジア・モンスーンを例にとると、夏季の高温多雨は植物の成長に有利であり、それに適合的な稲作は高い単収をもたらす。これに対し、西欧・北欧を中心とする西岸海洋性気候にあっては比較的冷涼で雨も少ない。これは農法論研究（注6）のテーマとも関連するが、要は農業の土地生産性格差を形成する。

北海道地域農研の坂下明彦所長が、『地域と農業』一二一号掲載の「単位の経済学」で、韓国農村調査のおりに、「米の一定量を確保するためにはどれだけの土地が必要かという日本の反収とは真っ逆さまの発想」に出会ったことを書いている。これと同じではないが、やや似た捉え方が歴史的にもある。二世紀ほど前までの西欧では、土地生産性を単収で捉えるのではなく、播種量の何倍の収穫があるかで捉えることが多かったようである。ちなみに、一八、一九世紀のヨーロッパでは、播種量に対する収穫量の比率は四～五倍程度であるのに対し、同時期の日本では四〇倍とされている。

小農家族制もしくは家族農業経営体制にあっては、封建制のもとで領主ないし地主に年貢、地代を納めたうえで手元に残った穀物等で家族を養う必要がある。それが可能でないと社会が持続性をもたない。その場合、土地生産性が決定的に重要である。日本を含む東アジアでは、高い土地生産性ゆえに比較的小面積の農地で足りる。一方で土地生産性の低いヨーロッパではより広い面積が必要だった。それが東アジア型とヨーロッパ型の規模差を形成した要因であると考えられる。「有畜農業」か否かもここから生じていると解釈できる。

付け加えると、東アジアでは土地と労働の比率はそれほど変えられなかったと思われる。言い換えると、労働力が確保されないと土地面積を増やすことはできなかった。というのは、植物の成長力が大きいということは、同時に雑草の成長も早いということである。現代のような除草剤や動力除草機械がない場合、基本的には人力除草によるしかない。もし除草が雑草の成長に追いつかない場合、農作物の収穫は大きなダメージを受けてしまう。それゆえ、保有労働力から見て過大な規模拡大は単収の低下、ひどい場合は総収穫量の減少に結びつく。そういう点からも経営規模拡大は制約を受けるのであり、東アジア型(注7)とヨーロッパ型の規模格差は固定化せざるをえない。

(4) 北海道農業の世界農業類型論における位置づけ

それでは、北海道農業は世界農業類型論においてどのように位置づくのか。

結論を先に言えば、歴史的形成過程に着目すれば「新大陸型農業」だが、経営規模からみると旧大陸型農業のヨーロッパ型といってよい。北海道は「日本のアメリカ」という言い方があり、確かにそれは一面をとらえている。しかし、新大陸型農業と匹敵する経営規模を実現したわけではない。その理由は、現時点では十分に説明できないのだが、気候帯でいえば湿潤大陸性気候に属し、ロシア中央部から東欧に広がる地域、北米五大湖付近の同一緯度地域、そして中国華北から東北部に至る地域と同じである。そこに、ロシア中央部、北米ではなく、中国華北水準の経営が形成されたのはなぜか。もちろん、当初の植民区画の大きさが影響しただろう。いずれにしても検討が必要である。

ともあれ、現在の北海道の平均経営耕地面積は三〇・二ha（二〇二〇年農林業センサス）である。この点をもって、規模差に基づく類型設定でヨーロッパ型に区分したのである。であれば、それはどのような意味を持つか。

筆者は、もし可能であれば、日本農業をヨーロッパ規模にまでもって行きたいと考えている。そういう観点からすると、北海道農業はすでにその水準に達している。北海道内でも地域差があるので一律に言い切れないところはある。とはいえ、もう北海道には構造問題は存在しない、規模拡大は追求する必要がない、少なくとも規模拡大は重要テーマではない、と言ってよいと思う。

むろん、個別の経営が、自らの指向（嗜好）と経営の理想像（あるべき姿）を求めて規模拡大することは当然ありうる。しかし、北海道農業全体としていえば、規模拡大を目指す時期は終わったというべきだろう（注8）。

これからは、現在の到達点（到達規模）を前提として、経営者の自由な発想と指向（嗜好）に基づく多様な経営が、経営の持続性を確保しつつ、地域の経済と社会を支えていく一員、それも中核的な役割を担う一員となっていくことが求められるのだろう。

（5）社会インフラとしての北海道農業

二一世紀に入り、世界食料需給が大きく転換している。本稿では詳述する紙幅がすでにないので簡単に述べるが、①世界人口の増加と新興人口大国の経済成長、②バイオ燃料需要の発生と原料（穀物・油糧作物などの基本食料）需要の高止まり、③地球温暖化による生産への下押し圧力、という不可逆的要因（つまり、元にはもう戻らない）のせいで、食料需給がタイトになった。要するに、食料不足基調となり、食料価格は高止まりが続いている。筆者はこの現象を「世界食料需給のパラダイム転換」と呼んでいる。この二一世紀初頭に発生した現象は、今後少なくとも一〇～三〇年以上続くだろう。

だから、世界の（そして日本の）食料安全保障が極めて重要課題となっている。新型コロナなど新興感染症も二一世紀の重要課題だが、食料問題も重要課題であり続けるだろう。

政府は二〇二〇年に第五次の食料・農業・農村基本計画を策定したが、これまで以上に国内農業の重要性は高まっている。しかし、都府県農業の地力は衰退し続け、基盤が崩れつつある。先進経営の発展が喧伝され、大規模経営の成長がみられるが、間違ってはいけない。それは一部の動きであり、全体として衰退は止まっていない。「成長経営」が、衰退する都府県農業の全体を代替し、支えきることは不可能である。だから、日本の食料安全保障はますます脆弱な基盤の上に立つことになるだろう。であれば、「食料供給基地」である北海道農業の重要性はいよいよ大きい。

食料生産を担う農業と農村は、社会的インフラとしてその重要性を高めていくだろうし、その中にあって北海道農業はこれまで以上にわが国にとって大切な存在となるだろう。

（二〇二一年脱稿）

注

（1）資本主義経済という言い方がなじめない場合は、市場経済でも自由主義経済でもかまわない。ただし、土地や労働という本来商品ではない生産手段を商品化して生産に用いるという、かなり無理を行っている経済体制だという理解があればよい。市場経済の極致が、本来的には商品でもないものを商品にするというような、全面的商品化を達成した経済であり、自由主義経済とは資本の自由な活動を保障する経済だ、という理解があればよい。

（2）農業経営学の世界では、経営規模という場合は経済的指標（販売額など）、労働力指標（保有労働力、投入労働量など）も使われるが、通常用いられる最も普遍的指標は経営面積などの土地指標である。これには合理的理由があり、筆者も規模を土地指標すなわち経営農地・耕地面積で捉えることが多い。

（3）**図2・1**で示すように、ここで述べている世界農業類型は、世界の農業を網羅的に類型化するものではない。それはアフリカ農業、中南米農業、ロシア農業を類型に取り込んでいないことからもわかる。議論の精緻化にはこれら地域の農業を織り込むことも考えられる。しかしその一方、規模差を問題として、構造問題を世界史的に再整理するうえでは、ある程度単純化と典型化が必要である。本稿のような狙いをもって、つまり農業構造問題の国際比較を試みる場合、このレベルでの類型化がむしろ妥当性を持つと思う。なお、野田公夫氏がやはり独自に世界農業類型を設定している。そこでは構造政策の有効性に基づく類型設定が行われている（野田公夫編『生物資源問題と世界』京都大学学術出版会二〇〇七年）。なお、盛田の唱える世界農業類型論については、盛田清秀「日本農業の構造改革と世界農業類型論―論点整理と序説的考察―」『土地と農業』№44、社団法人全国農地保有合理化協会、二〇一四年、5～14頁を参照されたい。

（4）いわゆる俗論である。筆者の経験だが、以前勤務していた大学で入試問題を作成することがあり、作問のため各種の高校教科書を精査していた時、そういうたぐいの記述が一社の教科書にあった。それをみて、「常識」を装った嘘は怖いなと思ったことがある。単なる、「もっともらしい」思い込みによるからである。

(5)唯一の例外は、イギリスで起きた二回の「囲い込み運動」(一五～一六世紀と一八～一九世紀)である。これによってイギリスでは大土地所有が生まれ、そこで「資本主義的農業経営」が形成された。この過程は産業革命と並行して起こり、農村から駆逐された住民が工業労働力や都市底辺層となって世界の工場となったイギリス経済を支えた。イギリスに比べて後進経済国となったドイツではエンクロージャーはもう無理だとして、保護貿易を主張したのがドイツの経済学者フリードリッヒ・リストであった。この他の農業大規模化の試みとしては、二〇世紀の社会主義体制の下で旧ソ連と中国において大規模集団農場がつくられたが、それらの多くは解体された。

(6)農法論研究は、気象・土壌条件と関連付けた農業技術体系の西欧と東洋の比較をベースに、地力再生産、土壌水分保持、除草体系、家畜利用と飼料確保、作業体系、作業機械の開発と普及などの個別技術とそれを総合した技術体系(農法)の成立過程を主要な研究課題としていた。論文の「早期大量生産」が難しい分野であるため、現在では専門とする研究者が極めて少なくなってしまったが、かつて日本の研究は世界をリードする水準にあった。

(7)本稿では「東アジア型」とあえて限定して議論している。しかしおそらくは、東南アジア、南アジアを含めたうえで、「アジア型」と拡張した議論も通用するだろう。

(8)この見方に、たぶん道内の多くの農業関係者は同意してくれるのではないか。今後も経営数が減少を続け、結果として平均経営面積が漸増していくことはあるだろうが、それはヨーロッパで起きている程度にとどまるであろうし、むしろ経営数の減少を今後どうやって押しとどめるか、政策的にはそこに注力すべきであろう。

3　気候変動と北海道農業

田畑　保

はじめに

今、二つの問題が世界を大きく揺さぶっている。新型コロナウイルスと気候変動の問題である。「新型コロナウイルスは人類にとって最も緊急性の高い脅威だが、長期にわたる最大の脅威は気候変動問題だ」。ＣＯＰ26の開催延期をうけて国連気候変動枠組条約のエスピノーサ事務局長はこうコメントした（注1）。本稿では、この長期にわたる最大の脅威である気候変動問題を取り上げ、最初にまず気候変動問題について簡単に概観したうえで、北海道における気候変動対策について分析し、さらに十勝の酪農地帯で広がるバイオガス発電、エネルギー転換の取り組みについてみてみることにしたい。

（1）地球温暖化、気候変動

地球温暖化は単に気温の上昇だけでなく、地球全体の気候を大きく変える「気候変動」を引き起こし、我々の生活や自然環境にも重大な影響を及ぼすようになってきている。そうした地球温暖化、気候変動が及ぼす影響について、ＩＰＣＣ第五次評価報告書は、気温上昇で表面化する八つのリスクとして次のような点をあげている。

・高潮や沿岸部の洪水、海面上昇による健康障害や生計崩壊のリスク
・大都市部への内水氾濫による人々への健康障害や生計崩壊のリスク
・極端な気象現象によるインフラ機能停止
・熱波による死亡や疾病
・気温上昇や干ばつによる食料不足や食料安全保障の問題
・水資源不足と農業生産減少
・陸域や淡水の生態系、生物多様性がもたらす、さまざまなサービス損失
・海域の生態系や生物多様性への影響

こうした地球温暖化、気候変動の要因は、産業革命以来の人為起源の二酸化炭素（CO_2）

やメタン（CH_4）等の温室効果ガスの排出・累積にあることは世界共通の認識になってきている。地球温暖化の抑制のためには温室効果ガスの排出をいかに削減するか、そしていつまでに排出ゼロにしていくか、その目標を明確にし、そのために世界が協力しあって取り組むことが不可避の課題となっている。世界の平均気温上昇を二℃以内に抑えるためにはCO_2の累積排出量を七九〇Gt以内に抑える必要があるとされているが、人間社会は既に二一世紀初頭までにその約三分の二を排出してきたとみられている。人類の存続のために我々は如何に本気になって温室効果ガスの排出削減に取り組むか、そのために化石エネルギーに依存しない社会に転換していくかが厳しく問われているのである。

こうして温室効果ガスの排出削減が世界的な課題となる中で、排出削減に向けた国際社会の取り組みが進められてきている。一九九七年の京都議定書の締結を経て二〇一五年のCOP21でパリ協定が採択された。パリ協定は、気温上昇を二℃未満（できれば一・五℃）に抑えることと、そのためには今世紀後半には人間活動による温室効果ガスの排出ゼロをめざす目標を掲げた初めての協定であった。

パリ協定に基づいて温室効果ガス排出削減を進めるための「ルール作り」が進められ（二〇一八年COP24で大枠は固まったが、一部未合意の部分を残し、COP26に持ち越す）、それにそって削減計画の具体化に向けた協議が続けられている。それを後押しするような形で、IPCCの特別報告書『一・五℃の地球温暖化』（二〇一八年一〇月）、さらに『気候変動と土地に関する特別報告書』（二〇一九年八月）等が出されてきた。『一・五℃の地球温暖化』では、二℃上昇と一・五℃上昇のわずか〇・五℃の違いでさえ気候変動が及ぼす影響の相違は大きいこと、一・五℃に抑えるためには温室効果ガスの排出量を二〇三〇年までに四五％削減し（二〇一〇年比）、二〇五〇年までに実質ゼロにする必要があるとするものであった。パリ協定にそって現在各国から削減目標が提出されてきているが、特に二〇三〇年までにどれだけ削減するか、各国の削減の取り組みの本気度が問われている（残念ながら二〇二〇年三月末に提出した日本の二〇三〇年の削減目標は先進国中最低水準）。もう一つの特別報告書では、気候変動が食料供給、食料安全保障にも否定的影響を及ぼすことを指摘し、食料問題の面からも地球温暖化対策の緊急性を我々に提起するものとなっている。

温暖化防止のために世界があげて温室効果ガスの削減に取り組むことが急務となっているが、そのためには温室効果ガスの主要な排出源になっている化石エネルギーから自然エネルギーへの転換が重要な課題となっている。自然エネルギーへの転換は、その多くは地域での自然エネルギーの取り組みである。そしてそうした取り組みは、地域資源を活用した取り組みであり、それ故に地域活性化にもつながる取り組みでもある。

（2）気候変動対策―北海道での取り組み―

1　冷害問題から温暖化問題へ

明治期の開拓以来、府県とは異なる冷涼な気象条件のもとで作物栽培に取り組まなければならなかった北海道農業の歴史は、冷害とのたたかいの歴史でもあった。戦後についてみても、一九五四年、五六年と連続した冷害、とくに五六年は一九一三年（大正二年）以来の大冷害となった。それを機に有畜化促進等の寒地農業振興対策が取り組まれ、「マル寒法」の制定（一九五九年）によりマル寒資金制度が導入された。

さらにその一〇年後の一九六四年、六六年にも大規模な冷害が発生した。その後も一九七一年、七六年、八六年と四～五年おきに冷害に見舞われてきたが、特に一九九三年は冷夏と日照不足により北海道だけでなく日本全体が作況指数七四という記録的な不作となった。米不足となって、海外から二五九万トンもの米を緊急輸入するという事態となり、「平成の米騒動」と騒がれた。

しかしその後は、それまでのような大規模な冷害に見舞われるようなことはなくなってきた。逆に二〇一〇年のように記録的な高温となり、畑作物が大幅な減収となるようなことも生じた。北海道も冷害凶作に悩まされる時代から温暖化問題について考えなければならない時代に移ってきたのである。

2　気候変動対策―「緩和」と「適応」―

二〇〇〇年代に入って地球温暖化がさまざまな分野で大きな問題となる中で、北海道でも「地球温暖化対策検討部会」等が立ち上げられ、行政部局や試験研究部門でも温暖化対策の検討・取り組みが進められてきている。以下では北海道環境生活部環境局気候変動対策課の関係資料や「北海道気候変動適応計画」（二〇二〇年三月）等に依りながら、北海道における気候の長期変化と将来見通し、北海道農業に対する気候変動の影響、気候変動に対する北海道としての「緩和」と「適応」への取り組み、考え方について簡単にみておきたい。

気候の長期変化と将来見通し

気候の長期変化については、気象庁のデータでは北海道の年平均気温は過去一〇〇年あたりでおよそ一・六℃上昇しており、全国の一・二四℃、世界の〇・七四℃を大幅に上回っている。冬日（日最低気温〇℃未満）、真冬日（日最高気温〇℃未満）の日数も減少している。海面水温も上昇傾向にあり、特に日本海中部ではその上昇率は世界の平均海面水温の上昇率の約三倍の高さとなっている。北半球ではより高緯度の地域ほど気温上昇が大きいことが指摘されているが、これらのこともそのあらわれであろう。

二一世紀末の気候変化の将来見通しについては、平均気温は二〇世紀末を基準に約五℃の上昇が見込まれ、夏日は北海道でも年間で約五二日増加し、逆に冬日は約五八日減少するとみられている。年降雨量は概ね一〇％増加、大雨や短時間強雨の頻度も増加する一方、年最深積雪、年降雪量は全体的に減少するとみられている（注2）。

気候変動による北海道農業への影響（二〇三〇年代の影響予測）

・水稲：やや増収し、食味もアミロース含有率低下により向上

大豆：増収するが高温による裂皮発生で品質低下

秋まき小麦、ばれいしょ、牧草：収量減少

小豆、飼料用とうもろこし：収量は増加

てんさい：収量は増加するが根中糖分が低下

・寒冷地であった北海道は前述のように温暖化はより顕著で、温帯の作物であった水稲は府県では温暖化で収量低下が見込まれているのに対し、北海道では増収、食味向上等プラスの影

響が見込まれている。これに対し寒冷地に適応するように育成されてきた畑作物は温暖化で減収や品質低下が懸念される作物も少なくない(注3)。

このことも関わって農業技術研究者からは「寒地にある北海道といえども冷害のリスクに備えながら温暖化に対しても適切に対応するための技術開発が必要である」と指摘されている(注4)。

なお、十勝の畑作地帯更別村の昭和・平成期の農業に関して、小麦や甜菜、加工用馬鈴しょは九〇年代までよりも二〇〇〇年代以降の方が、年変動を含みつつも反収の上昇傾向がみられるという分析もある(注5)。

地球温暖化に対する「緩和」と「適応」

地球温暖化が後戻りできない形で進むもとで、それに対して温室効果ガスの排出を抑制する「緩和」と、温暖化の影響の回避・軽減を図る「適応」の取り組みが求められている。

「緩和」に関しては、農業が温室効果ガスの排出源になっている面もあり――温室効果ガスであるメタンの約一三％が水田からの発生とされている――水田からのメタンの発生の抑制が農業分野における温暖化対策の柱の一つとなっている。そのためには中干しや間断灌漑が効果的であるとされている。また暗渠排水や客土、心土破砕なども効果的であることが分かってきている。また牛などの反芻動物の胃もメタンの発生源となっており、エサの工夫による排出抑制が求められている。森林・木材による温暖化緩和策については、森林蓄積の維持・増加、木材製品の活用等を通じて森林・木材としての炭素蓄積を高めることが課題となっている(注6)。

農林業での温暖化、当面二〇三〇年代に向けての必要な対応としては、品種開発の方向性では、高温でも収量や品質が低下しない品種の開発、高温・湿潤環境下で多発が予想される各種病害虫に対する抵抗力の強化等が、栽培技術に関しては播種・移植適期・収穫期の変更、導入品種の見直し、新しい病害虫への対応を見据えた準備の必要性等が指摘されている(注7)。

3　地域資源の有効活用で地球温暖化の抑制　北海道の農林業の可能性

気候変動対策としてさらに重要なことは、北海道に豊富に存在する農林業資源をはじめとする地域資源の活用を通じて温室効果ガスの排出抑制、化石エネルギーから自然エネルギーへの転換を図っていくことである。

そのことと関わって注目しておきたいのは、地方独立行政法人北海道立総合研究機構がまとめた『温暖化する地球　北海道の農林業は何ができるのか⁉︎　地球温暖化と生産構造の変化に対応できる北海道農林業の構築』(二〇一四年)と題する冊子で、カーボンニュートラルである農林業の地球温暖化抑止機能に注目し、温暖化を防ぐことを狙いとして農林業を中心とした資源循環型社会の構築を提起していることである。そこでは、北海道に豊富に存在する稲わらや林地残材等のバイオマス資源の活用の地域事例（南幌町：稲わらを温泉の燃料に、七飯町：林地残材をハウスの熱源に、津別町：製材工場のバイオマス発電等）を紹介しながら、バイオマス資源のエネルギー源としての積極的活用の重要性を提起し、それは地球温暖化防止につながるとともに、地域社会の活性化にもつながることを指摘している。そしてそのためには農林業そのものが元気でなければならないことも指摘している。北海道にはこうした地域資源が豊富にあり、その有効活用で地球温暖化を抑制する大きな可能性があることが強調されている。

こうした指摘も念頭におきながら、次章では十勝地方をはじめ北海道の酪農地帯で広がってきている家畜の糞尿を活用したバイオガス発電、エネルギー転換の取り組みについてみてみることにしたい。

（3）十勝の酪農地帯で広がるバイオガス発電―地域からのエネルギー転換の取り組み―

1　個別型バイオガスプラントと集中型（共同型）バイオガスプラント

酪農経営の多頭化とともに飼養管理方式もそれまでのつなぎ飼い方式から放し飼い方式、フリーストール方式に移行する酪農経営が増えてきた。その場合に問題となってくるのがますます大量化してくる糞尿処理である。フリーストール方式では糞と尿を別々に処理するのが難しくなるためである。そこで新たに導入されるようになったのが糞尿をメタン発酵させる方式である。発酵によって発生したメタンガスを燃料としてバイオガス発電を行い、消化液は液肥として農地に還元する。このように多頭化が進みフリーストール方式の飼養管理が広がってきた北海道の酪農地帯では二〇〇〇年代に入って糞尿の処理方式としてメタン発酵が注目されるようになり、バイオガスプラントが導入されるようになってきた。

こうしたバイオガスプラントの導入には二つのタイプがある。一つは個別型で、個々の酪農経営毎にバイオガスプラントを設置するタイプである。この場合牛舎とバイオガスプラントは近接しており、プラントへの糞尿の移送は容易であるが、費用負担の問題もあり一定規模以上の経営でなければ個別での導入は難しい。もう一つのタイプは集中型（共同型）で、各所に分散している各酪農経営の牛舎からバイオガスプラントまで糞尿を運び、そこでまとめて処理する方式である。この場合個々の酪農経営の牛舎とバイオガスプラントまではある程度距離があるので、糞尿の搬送と消化液の圃場までの移送と散布作業が必要になる。近年設置されているバイオガスプラントはこのタイプが多くなっている。

２　ＪＡ主導で次々に個別型バイオガスプラントを設置してきた士幌町

十勝管内では、個別型のバイオガスプラントとしては、メガファームである二つの農事組合法人がそれぞれ補助事業によらずに独力でバイオガスプラントを導入した大樹町のような事例があるが、士幌町の場合はそれとはやや異なって、町やＪＡが事業主体となり各種の補助事業も活用しながら町内各地の酪農経営に順次バイオガスプラントを設置してきた。

士幌町では酪農家の悩みの種であったフリーストール牛舎の糞尿処理について早い時期から調査や試験等を重ねてきており、その結果たどりついたのがバイオガスプラントによる糞尿処理であった。まず農水省の「バイオマス利活用フロンティア事業」を活用して町が事業主体となり二〇〇三～二〇〇四年度に三戸のモデル農家のところにバイオガスプラントを設置した。ＦＩＴが導入される前のＲＰＳ法の時代で、発電した電力の買い取り価格も低く、売電収入はごく低い位置づけにとどまらざるをえず、糞尿処理が主目的のバイオガスプラントであった。

二〇一二年のＦＩＴの導入で売電価格が大幅に引き上げられ、売電収入の位置づけも大きく高まった。糞尿処理が主目的のバイオガスプラントから売電収入確保も目的にできるバイオガスプラントへの発展である。

十幌町ではＦＩＴの導入に素早く対応する形で、二〇一二年以降ＪＡが事業主体となってバイオガスプラントが町内各地に次々と設置されていった（図3・1）。二〇一六年までに合計一一基、町内六七戸の酪農家中一二戸に設置された。当初は大規模層が主体であったが二〇一六年には中規模酪農家にも導入された（二戸での共同型）。士幌町では町とJAが連携しながら、特にFIT導入後はJAが事業主体となって導入に積極的に取り組んできたことがバイオガスプラントの普及につながったと評価される。

　なお、四基のバイオガスプラ

【第５世代】（2016年）（FIT制度）共同型１基設置
・事業主体：JA　→　地域バイオマス産業化整備事業
・２戸での共同プラント設置（中規模酪農家）
　各戸に原料槽設置→散布機での運搬（自搬・コントラ）
　管理運営は手段組織（株）へ委託

【第４世代】（2015年）（FIT制度）２基設置
・事業主体：JA　→　地域バイオマス産業化整備事業
・酪農生産場面の省力イノベーションシステム融合
　→搾乳ロボット＋ふん尿処理の自動化
・再生可能エネルギーによる地域資源循環（地産地消）

【第３世代】（2014年）（FIT制度）１基設置
・事業主体：JA　→　地域バイオマス産業化整備事業
・消化液広域高度利用（耕畜連携した組合設立と分散貯留槽設置）
・発酵槽への未利用有機物直接投入
・個液分離の周年稼動（廃熱温風を利用～敷料乾燥・リサイクル）

【第２世代】（2012年）（FIT制度）
・JAが事業主体　４基設置→緑と水の環境技術革命プロジェクト事業
・普及型となる個別プラント
　▶（低コスト・シンプル構造／周年安定稼動・温水利用（搾乳施設・固液分離）

【第１世代】（2003～2004年）（RPS制度）
・士幌町でモデル実証施設３基設置（バイオマス利活用フロンティア事業）
・３メーカーによるシステム実証比較（個別型プラントの具現化）

図3.1　士幌町のバイオガス発電の取り組み経過

出所：西田康一「“農村ユートピア”をめざして～バイオガスプラントを核とした再生可能エネルギーの地産地消の取り組み」

ントが設置された二〇一二年度のケースでみると、ＪＡが事業主体となって導入されたバイオガスプラントは酪農家にリースされ、そのリース料（一基平均約五四〇万円）とプラント、発電機の維持、補修費は酪農家の負担となる。売電収入は酪農家の収入となるが、ＦＩＴで売電価格が引き上げられたこともあり、リース料やプラント・発電機の維持補修費を控除しても酪農家の手元に三〇〇～七五〇万円の収入が確保されていると見込まれる（二〇一三年）。酪農家にとっても重要な収入源の一つ――しかも一定年限継続する――となっていることが分かる。

消化液の利用に関わっては、プラント設置酪農家と消化液を利用する近隣の畑作農家も加わってバイオガスプラント運営協議会が組織され、消化液を近隣農家の畑地にも散布する耕畜連携、資源の地域内循環が図られている。

なお、士幌町ではバイオガス発電の他に町が事業主体の大規模太陽光発電（九八八kw）や士幌町商工会による小水力発電が取り組まれるとともに、ＪＡの子会社の㈱エーコープサービスが小売り電気事業者としてバイオガスプラントで発電した電力を購入し、Ａコープ店舗や農協の施設等に供給する等、多様な自然エネルギーの活用とその地産地消に取り組んでいることも特筆すべき点である（注8）。

3　熱利用にまで広がる鹿追町の集中型バイオガスプラント

集中型（共同型）バイオガスプラントも、十勝管内の鹿追町をはじめ道東の酪農地帯を中心に大きく広がってきている。士幌町に隣接する鹿追町では士幌町と同様にＦＩＴ導入前の二〇〇七年に家畜の糞尿処理を行う集中型のバイオガスプラントが立ち上げられた。これは、バイオマスタウン構想に基づき町が事業主体となって設置した「鹿追町環境保全センター」が運営する三つのプラントの一つとして設置されたものである（他に市街地生ゴミも含む堆肥化プラント、集落排水汚泥等のコンポスト化プラント）。これは町が準備委員会を立ち上げ、中心市街地に隣接していることもあり、糞尿処理での悪臭問題をめぐっての苦情に悩まされてきた中鹿追地区の酪農家と七、八年にわたる話し合いを重ねてきた結果設置にこぎつけたものである。この環境保全センターには市街地周辺の酪農家一一戸が参加している。液肥は酪農家だけでなく、約半分は畑作農家の圃場にも散布している。ここでも酪農家と畑作農家との連携が進んでいる。センターの運営は酪農家と町の協働による鹿追町バイオガスプラント利用組合が担っている。

集中型バイオガスプラントで大きな課題となってきた発電にともなって発生する大量の熱の有効活用についても様々な調査研究を重ね、若手農家等による熱利用の試みとして冬出荷のマンゴーの栽培用ハウスを建設し、そのハウスの加温にこの熱を利用することになったことも特筆すべき点である。マンゴーは冬に出荷できるように秋から冬に温水を利用してハウス内の温度を高め、夏の温水はチョウザメの養殖にも利用している。マンゴーは二〇一六年から東京の市場に出荷しており、チョウザメは町内の飲食店に供給しており、一〜二年後にチョウザメが卵を産むようになれば、珍味であるキャビアも生産できるようになる見込みである。

この「中鹿追バイオガスプラント」に続き、そこから一〇キロほど離れた瓜幕地区に、二カ所目の「瓜幕バイオガスプラント」がやはり町が事業主体となって設置された（二〇一六年四月稼働）。一カ所目が一、三〇〇頭規模だったのに対し、この「瓜幕バイオガスプラント」はそれを大きく上回る三、〇〇〇頭規模で、合計すると町内の約四分の一の乳牛の糞尿を処理できる規模となった。二カ所のバイオガスプラントに合計六基の発電機が設置され、発電能力はあわせて一、〇四〇kwとなった。

なお二〇一七年度の売電量は二カ所の合計で六一八万kwh、二・五億円にのぼった。運転維持費は年間一・六億円の見込みで、その差額の利益は将来の修繕費として積み立て設備の維持に備えている。なお、糞尿の処理や液肥の散布に要する費用は農家が負担しているが、酪農家にとっては糞尿を処理する手間とコストが軽減されるメリットがある。そうしたこともありプラント稼働前に比べ乳牛の飼養頭数が約二〇％増えているという（注9）。

また雇用も増えており、二カ所のバイオガスプラントで一五人がフルタイムで働いており、チョウザメの養殖やマンゴーの栽培では地域おこし協力隊も活動している。自然エネルギーの取り組み、バイオガスプラントと廃熱を利用した新規事業で雇用の拡大にも貢献しているのである（注10）。

4　多様な主体が関わりエネルギーの地産地消をめざす上士幌町

上士幌町は、ＮＰＯ法人上士幌コンシェルジュ等が中心となって町外からの移住者の受け入れ支援等移住環境の整備を進めてきたこと等が成果をあげ、それまで長く減少を続けてきた人口が二〇一四年を底に増加に転じたことで注目されている。その上士幌町でも士幌町や鹿追町に続く形でバイオガスプラントが設置された（二〇一八年一月稼働）。町内の三カ所に一基ずつ設置。一基あたり一、二〇〇頭分、合計三、六〇〇頭分の乳牛の糞尿を処理する集中型バイオガスプラントである。町内の乳牛一・九万頭の約二〇％分をカバーする。発電能力は一基三〇〇kw、三基で九〇〇kw、総事業費は約二六億円である。

事業主体は、ＪＡ上士幌町と、バイオガスプラントを利用する農協組合員五三戸（うち酪農家は四八戸）、バイオガスプラントの建設等を手がける土谷特殊農機（本社帯広市、士幌町でもバイオガスプラントの建設を手がけている）の三者が出資して設置した「株式会社上士幌町資源循環センター」である。

上士幌町の事例で注目したいのは、上記のJA上士幌町、上士幌町資源循環センターに加え、上士幌町と有限会社ドリームヒル（町内の有限会社）、さらに北海道ガスも加わって五者で、町内のバイオガスプラントで発電した電力の地域内供給をめざすことや、発電廃熱、余剰電力を活用した熱利用による新たな事業展開を推進することをうたった「上士幌町エネルギー地産地消のまちづくり連携協定」を締結していることである（二〇一七年九月、傍点引用者）。ここでうたわれていることが今後どう具体化されていくかを注視したい。

そのこととも関連するが、早くも「かみしほろ電力」が地域のバイオガスプラントが発電した電力の地域での販売を開始した（二〇一九年二月）。この「かみしほろ電力」による電力小売りは、上士幌町、北海道ガス、帯広信用金庫、十勝信用組合等が出資する「株式会社 karch（カーチ）」（二〇一八年五月設立）による事業の一部門として行われるもので、隣の士幌町と同様にエネルギーの地産地消のまちづくりをめざす動きとして注目される（注11）。

おわりに

以上、十勝の酪農地帯で広がりつつあるバイオガス発電の取り組みについてみてきた。バイオガス発電はこの他にも北見地方や根室地方でも広がりつつある。バイオガス発電は、酪農が多頭化し、フリーストール方式に移行するとともに大きな問題となってきた糞尿処理問題への対応という面が先行する形で導入されてきたが、ＦＩＴの導入とともに、売電収入の位置づけも高まってきた。それとともに酪農経営を支えるバイオガス発電の位置づけも高まり、酪農経営でのバイオガスプラントの導入の動きが広まってきた。地域農業、地域経済の活性化につながるバイオガス発電の取り組みである。バイオガスプラントの設置を機に雇用の拡大の動きや新規産業模索の動きも生まれている。さらに地域新電力の設置等エネルギーの地産地消を追求する新たな動きも生まれている。

こうした動きはまた、化石エネルギーから自然エネルギーへの転換を地域から担っていく動きであり、地域からのエネルギー転換として今後一層の広がりを期待したいところである。気候変動対策としてもこうした取り組みこそが特に重要である。

最後に一つ指摘しておきたいのは、北海道の農村部での自然エネルギーの普及にとって大きなネックになっている電力の系統連携の問題である。空き容量がないことを理由に接続を拒否されたり、巨額の負担を求められたりする問題が各地で生じている。そうした問題のために自然エネルギーの一層の普及が抑えられている。同様の問題は北海道以外でも頻発しているが、北海道のような地域ではとくに深刻である。今後化石エネルギーに代わって自然エネルギーが主体となるように自然エネルギーの拡大を図っていくためにはこうした問題の解決は避けて通れない問題である。そのためにも自然エネルギーの優先接続を法制上も明確にすることが必要になっている。

注

（1）飯田哲也「複合危機をどう乗り越えるか」（『世界』二〇二〇年六月号）
（2）北海道環境生活部環境局気候変動対策課「北海道の気候（現況と将来予測）」二〇二〇年三月（原データは札幌管区気象台「北海道の気候変化（第2版）」「北海道地方地球温暖化予測情報」）
（3）北海道『北海道気候変動適応計画』（二〇二〇年三月）
（4）広田知良他「北海道における二〇一〇年の気象の特徴と農作物への影響要因」（『北海道農業研究センター研究資料』第69号、二〇一一年）
（5）坂下明彦・申錬鐵「昭和から平成へ　農業基盤と農協事業」（『七十年史』更別村農業協同組合、二〇一九年）
（6）農林水産省農林水産技術会議『地球温暖化が農林水産業に与える影響と対策』（二〇〇七年）

(7)北海道農政部農村計画課「地球温暖化対策検討部会だより」第17号、二〇一一・九

(8)士幌町での自然エネルギーの取り組みについては、田畑保『地域振興に活かす自然エネルギー』(筑波書房、二〇一四年、第3章1)、田畑保「環境・資源の保全・活用」(田代洋一・田畑保編著『食料・農業・農村の政策課題』(筑波書房、二〇一九年)参照

(9)公益財団法人自然エネルギー財団『自然エネルギー活用レポートNo.22 四三〇〇頭分の乳牛の糞尿をバイオガス発電と熱に 北海道・鹿追町でマンゴーやチョウザメも商品化』二〇一九年一〇月

(10)鹿追町の自然エネルギーの取り組みについては、前掲注9の資料の他、田畑保『地域振興に活かす自然エネルギー』(筑波書房、二〇一四年、第3章1)参照

(11)上士幌町の取り組みについては、以下の資料を参照した

・上士幌町 エネルギー地産地消のまちづくりに関する連携協定の締結について https://b2b-infomart.co.jp/news/detail.page?IMNEWS1=708251 (2020/05/09)

・北海道建設新聞(二〇一七年一月一六日)上士幌農協などが町内三カ所にバイオガスプラント四月着工へ https://e-kensin.net/news/9387.html (2020/05/09)

・会社概要 karch 株式会社カーチ https://karch.jp/company.php (2020/05/20)

・生活クラブ 食料自給率二〇〇〇%の町の新たな挑戦 エネルギー自給のまちづくりへ https://seikatsuclub.coop/news/detail.html?NTC=0000053124 (2020/06/03)

4　北海道農業の現局面

正木　卓

日本の農業構造、世界農業、環境問題という三つの論文について、総括的にコメントすることは力量的に不可能であるため、ここでは安藤論文を主に踏まえて、今日の北海道農業の現在をとらえてみたい。

(1)　北海道農業の現局面

全国的に担い手の減少や高齢化、耕作放棄地化が進行しているが、専業農業地帯としての性格を有する北海道においても同様の傾向が見られる。

第一に、北海道農業の構造変化を担い手の側面より見ると、全国と比較して販売農家戸数は同様に減少傾向にあるが、販売農家の高齢化の進行は比較的緩やかなものとなっている。また後継者がいる農家数の減少は全国と比べ小さいものの、後継者がいない農家数については、その減少が著しい。さらに農業労働力についても担い手、雇用労働力の両面で減少が確認される。

第二に、北海道農業の構造変化を農地の側面から見ると、経営耕地面積の減少が見られるものの、全国動向に比べその減少速度は緩やかなものである。また耕作放棄地に関しては一時的に減少したものの、近年増加傾向にあることがいえる。

第三に、北海道農業を旧支庁別に見ると、項目ごとに変動はあるものの、販売農家の減少や高齢化、耕作放棄地化が比較的進行しているのは同様の地域であることが確認された。その中でも石狩や後志、留萌、檜山、渡島は地域農業の衰退が著しい。一方、根室や十勝、網走等の地域では上述のような地域農業の衰退が見られつつも、その進行は緩やかなものとなっていた。つまり根室や十勝のような中核農業地帯においての進行は緩やかであるが、石狩の一部（都市部）を除き、道南の日本海側、太平洋側のいわゆる中山間地域を中心として地域農業の衰退がかなりの速度で進行しているものといえる。

全国のみならず北海道においても、農業の担い手、農地の側面から地域農業の衰退が確認できるが、その進行においては、地域的な差異が見られ、特に中山間地域等の条件不利地域において進行が著しく、中長期的な担い手の確保・育成が最大の課題といえる。

こうした課題への対応では、北海道においては農協を中心とした多様な方法によって担い手確保・育成対策が講じられてきたが、市町村を超えた広域合併の影響からか、行政主導での組織化対応がみられ、担い手確保・育成に加え限界集落対策としての受け皿づくりにも挑戦がみられる。以下ではその動きについて紹介する。

(2) 町の持続的な農業振興策

紹介する事例は北海道の中でも中山間地域に属し、条件不利地域とされている道南A町である。A町では二〇一九年に町・農協・酪農家三戸の出資によって株式会社Bが設立され、二〇二一年四月から搾乳生産部門（C牧場）を稼働している。

法人の設立動機は、北海道における酪農発祥の地である同町において、農家の高齢化が進み後継者不在が深刻化するなかで、町行政が地域農業維持の観点から酪農生産を担う法人を農協や農家と共同出資で立ち上げすることを提案したことが契機となっている。当初の町の案では農協主体の法人化が提示されたが、結果的に町主導で、三者が出資する法人としてスタートすることとなった。

法人はA町のC集落に設立されているが、集落内には八戸の酪農・畜産農家がおり、そのうち一戸は新規就農したばかりの酪農家、一戸は肉牛農家である。残りの酪農家が法人に参画することとなり、そのうち三戸が役員（出資者）となることになった。

いずれの酪農家も法人設立以前は、四〇頭前後の繋ぎ牛舎で酪農を営んでいた。町内にはC集落と同様に零細規模の高齢酪農家を抱える集落が点在しているが、C集落に法人を設立する理由は、高齢化や過疎化が進んだ地域の酪農生産維持のモデルとなること、担い手確保のための新規就農者の「研修機能」を持たせることであった。道南地域には研修牧場が従来存在しなかったため、法人を設置する意義は大きかったと思われる。

法人役員構成は、設立当初は代表取締役社長が町長、取締役が出資農家三戸であったが、二〇二〇年に出資変更を行い、翌二〇二一年からは代表取締役社長が前副町長、取締役が二名の参加農家、顧問が現町長、農協理事（地区運営委員）、元農協専務（町内酪農法人代表）の三名となり、設立当初よりの農家主体の法人という性格は弱まり、町による農業振興のための法人としての性格が色濃く打ち出されている。

B法人はC牧場と研修部の二部門から構成されている。C牧場は、法人の一部門として酪農生産を担い、そこから生み出される収益を後述する研修部門の運営のほか、町の酪農振興に必要な様々な事業に注入する計画となっている。研修部では、新規就農希望者に対して研修の場を提供する役割が担われている。つまり、町の農業振興を担う核組織として町主導の法人が設立され、その運営の収益を生み出すために生産部門として研修機能を持つC牧場が位置づけられている。

図4・1は、B法人の資本金の変化を示したものである。この図から分かるように、設立当初は農家三戸が出資を行っていたが、搾乳を開始する前の二〇二〇年に農家出資が取りやめられている。それ以降は、法人のみが株を所有するというルールを作り、役員に対しては町からの貸株で対応する形をとった。町が九五%出資する町おこし会社である株式会社D、A町とも連携協定が締結されている全国展開の菓子製造メーカー（株）E社が出資者に加わった。これにより、法人Bは実質的に農家の法人ではなくなり、農業振興を目的とした町の第三セクターの法人となった。

設立当初

A町	940万円
農協	670万円
農家3戸	30万×3戸
計	1,700万円

現在（2020年から）

A町	940万円
農協	670万円
株式会社D	790万円
E（全国的な菓子製造メーカー）	100万円
計	2,500万円

図4.1　株式会社Bの出資変化

資料：法人聞き取りにより作成。

法人の設立及び搾乳部門（C牧場）が稼働して間もないことから、課題や展望を見出すことは難しいが、現時点での取組評価を踏まえた法人の課題は以下の三点に整理できよう。

第一に、株式会社Bは町の農業振興を担う組織として設立されている。したがって、C牧場は研修機能を有する牧場と位置付されているが、法人の一部門に過ぎないため、研修後の新規就農者の支援を行う機能を有していない。むろん、町の農業振興を担う本体の株式会社Bが支援を行うことは可能であるが、現在はその機能を有しておらず、住居の提供に留まっている。つまり、A町における新規就農者支援のコントロールタワーは不在であると言える。

第二に農協は株式会社Bへの出資を行っているが、農協がどのような支援を行っているのかは現時点ではみえない。おそらく購入飼料費の高騰や人件費の増大で部門収支は赤字の状況と推測される。それを、町そして農協がどうカバーしているのかが重要な点である。酪農における新規就農では、農協による積極的な支援がないところでは、存続が難しい。農協と町がしっかりとタッグを組んで研修生に対する支援を行うことが必要であろう。

第三に、二〇二一年末にA町農業研修協議会が設立されているが、どのような支援の取り組みをするかが不透明である。実質的に研修生を受け入れしてから協議会が立ち上がっており、就農計画の作成など、きめ細やかな支援対応ができる組織となる必要があろう。

（3）行政主導での担い手確保・育成の課題

全国に比べ緩やかな動向であるが、北海道においても地域農業の衰退が進行し、特に中山間地域等の条件不利地域において深刻化している。またこのような地域は農業のみならず、地域経済全体の縮小が問題視される。そのため、今後北海道の中山間地域においても、自治体主導の大規模な企業的経営を地域農業の中核的な担い手として位置づける視点が必要である。地域農業の再生や地域経済の活性化の手段であると考えられるからである。ただし、A町の事例にみるように、地域営農支援のコントロールタワーが不在であってはならない。とくに新規就農支援では、農協による積極的な支援がないところは、営農の存続が難しい。農協と町がしっかりとタッグを組んで研修生に対面する必要が課題であろう。自治体主導の担い手確保・育成では、組織設立後のコントロールタワーの存在が肝要であり、逆にその不在は新規就農者の経営の存続を危ぶむ恐れがある。

さらに今日の国際的な状況を加味して指摘すれば、地域農業の衰退を、事業導入により大規模企業的経営で乗り切ろうとすることにも、そもそも無理があるのかもしれない。酪農経営に即して見ても、配合飼料の高騰、外国人研修生の確保不足、さらにはコロナ禍による生乳の消費の低迷から、市場経済に依存する大規模酪農ほど経営不振に陥っているのが現状である。さらには、ロシアのウクライナ侵攻などで世界的に石油やガスの高騰が進行しており、自治体や農協によって設立された大規模な企業的経営はデフォルトの危機に遭遇しているのである。世界的な物価高のさなかで、生乳のみが実質的に価格据え置きとなっており、規模の不経済がますます露呈しつつある。

いままさに海外からの輸入飼料等に依存した大規模農業経営存続の限界性を地域経済の在り方とともに、しっかり把握しておくことが重要であろう。

II　農協の現在と可能性

1　都府県からみた北海道の農協―自治と自律を考える―

増田佳昭

はじめに

平成二七年の農協法改正からすでに五年が経過して、准組合員の利用規制問題も一段落した感がある。とはいえ、依然として信用事業の環境変化のもとで、経営の持続性に問題ありというのが都府県農協の現状である。農協が直面する問題は、都府県の農協と北海道の農協とは相当違うように思う。本稿では、自治と自律をキーワードに、北海道の農協の特徴を考えてみたい。

(1) 北海道農協の位置―事業構成と准組合員比率

最初に、北海道の農協の位置を確認するために、**図1・1**をごらんいただきたい。横軸には、事業総利益全体に占める信用事業総利益の比率、つまり信用事業のウエイトをとっている。右に行けば行くほど、信用事業のウエイトが高く、左に行けば行くほど農業関連事業のウエイトが高い。横軸は、農協の信用事業への依存度、裏返していうと農業事業への依存度を示すものである。

図では、三〇％と五〇％のところに縦線を引いて、Ⅰ、Ⅱ、Ⅲの三つのエリアに分けてある。北海道は信用事業総利益の比率は一九％で、信用事業への依存度が低く農業事業への依存度が高い。同じような比率の県は、青森（一八％）、長崎（二二％）、熊本（二二％）などである。逆に、東京、大阪、神奈川は、その比率が七〇％前後と飛び抜けて高い

次に縦軸は、正組合員戸数に対する准組合員戸数の割合（准組合員比率）

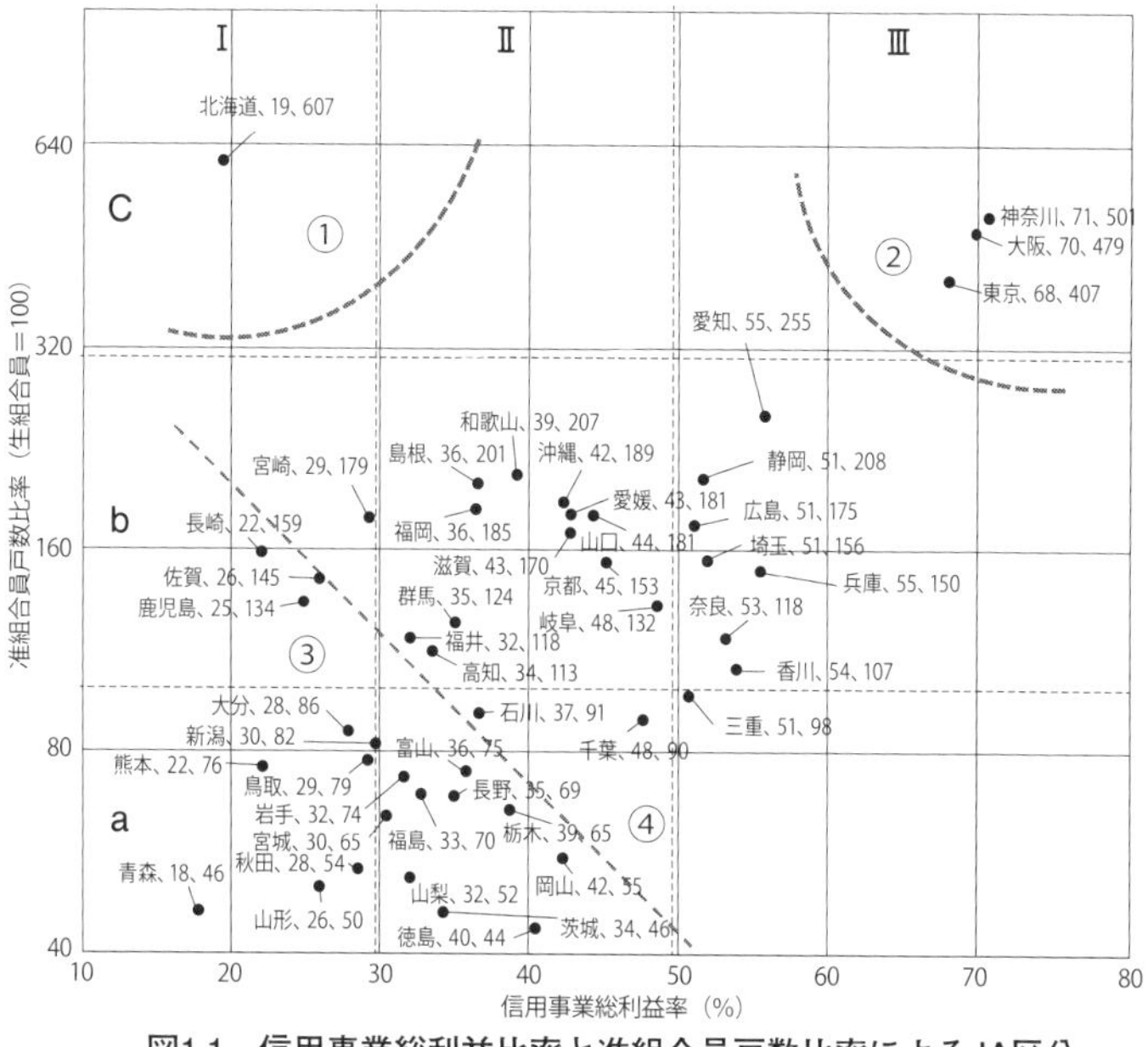

図1.1　信用事業総利益比率と准組合員戸数比率によるJA区分

注：平成29事業年度総合農協統計表より筆者作成

をとっている。これも同様に、一〇〇％、三〇〇％のところで水平の点線を引いて、エリアをa、b、cの三つに分けてある。北海道は、准組合員比率が六〇七％、正組合員に対して准組合員が約六倍で、cに位置している。都府県の中でも、准組合員比率の差は大きい。一番高いのは東京、大阪、神奈川で、正組合員の四〜五倍の准組合員を抱える。これに対して、徳島（四四％）、茨城（四六％）、青森（四六％）、山形（五〇％）というように、准組合員比率が低い県もある。傾向的にいえば、農業県では准組合員比率も低いといえる。

そのような中で、北海道の位置は特徴的である。つまり、農業度が著しく高いにもかかわらず、准組合員比率は大都市圏並みに高いという独特の位置にある。フリーハンドの点線で分けてみたが、②の大都市地域、③の農業地域、④の都市化地域と比べて左上に離れて位置しているのである。

農業度の高さと准組合員比率の高さ、この二つの特徴こそが、北海道の農協の「農業」との関係、「地域」との関係をよく表しているのではないか。

(2) 農業者組合員主体の構成と運営

さて、北海道の農協の「農業度」についてみておこう。まず、正組合員一戸当たりの事業規模が都府県と比較にならないほど大きい。例えば総合農協統計表（平成三〇事業年度、以下同じ）でみると、正組合員一戸当たり農産物販売・取扱高は都府県平均九八万円に対して、北海道は二、四〇〇万円余、なんと二四倍である。購買事業供給・取扱高は都府県平均三九万円に対して北海道は二、〇二三万円、これまた二六倍である。

もちろん、分母になる正組合員のなかみが、都府県と北海道とでは相当異なっている。都府県の正組合員の中には、農地をほぼ全て貸し出して実質的に離農しているものが少なくない。それに対して、北海道の農協の正組合員は、農業生産に従事し農業で生計を立てる現役農業者が中心である。

全国的に農協合併によって農協規模は拡大した。その結果、都府県農協の一組合当たり正組合員戸数は約七、六〇〇戸、これに対して北海道は四一二戸である。また、一組合当たりの農産物販売・取扱高は都府県が七五億円に対して、北海道は九九億円である。正組合員数四一二戸の農協が、七、六〇〇戸の都府県農協を上回る農産物販売額を実現しているということである。もちろん、あくまでも平均値であることに注意が必要だが。

次に、農協を運営する役員についてみておこう。統計によれば北海道の農協の理事数は合計で一、二三四人、全国の理事・経営管理委員の総数が一三、六五七人だから、一割近くを占めることになる。理事一人当たりの正組合員戸数を計算してみると、都府県平均は二八五戸、北海道は三六戸である。理事がいかに組合員に近いところにいるかがわかるだろう。逆に言うと、都府県の理事や経営管理委員はきわめて多数の組合員を代表している、別の言葉でいえば組合員との距離が離れているといえる。中・四国では一人あたりの正組合員戸数は三五五戸である。

また、理事・経営管理委員の年齢構成も若い。都府県では六五歳以上が約六〇%を占めるのに対して、北海道では二一%に過ぎない。逆に、五五歳から六四歳までが五四%を占めている。役員の構成がいかに若いかがわかる。現役農業者が、近隣の農家を代表して、農協運営に積極的に関わっている姿が浮かび上がってくるのである。役員の農業との近さ、現場の組合員農家との近さは、農協の自律性にとって大事な要件であるが、それがよく担保されているのだと思う。

(3) 営農指導事業の自立

次に、**図1・2**をみていただきたい。これは、各地のＪＡの部門別損益計算書をもとに、信用部門の利益と農業部門の利益との関係をみたものである。部門別損益計算書は、農協の事業を信用、共済、農業関連、生活その他、および営農指導の五部門に区分して、区分ごとに損益を表示するものである。この図では、農業関連事業の損益と営農指導部門の損失（収支差額）を加えたものを「農業部門」の損益として表示している。

図では、地域ごとの平均値をプロットしているが、信用部門の黒字と、農業部門の赤字とがよく相関していることがわかる。要するに、信用事業の黒字が多い農協ほど農業部門での持ち出しが多い、という関係を表している。別の言い方をすれば、信用事業（および共済事業）で

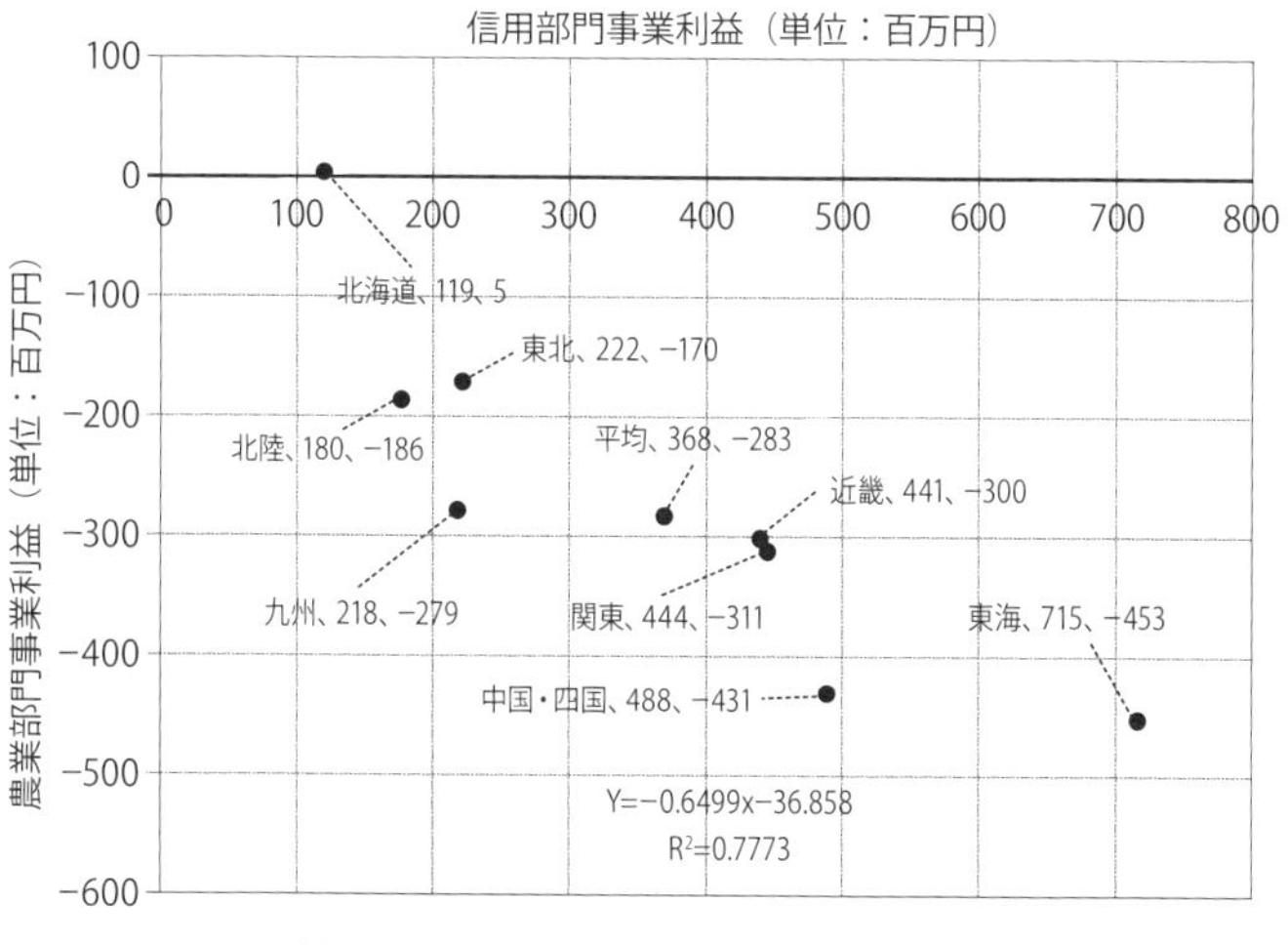

図1.2　信用部門事業利益と農業部門事業利益との関係
（１JA当平均・2015年事業年度）

注：事業利益は事業総利益（粗利益）から人件費などの事業管理費を引いたもの。
「農業部門」は農業関連事業と営農指導事業を合わせたもの。
地域区分は総合農協統計表と同じ。
資料：HP上のディスクロージャー誌の部門別曽根木計算書より算出（284JA）

稼いで、農業部門の赤字を埋めるというのが、多くの都府県農協の実情なのである。

この図から言えることは、信用事業の収益性が低下、つまり信用部門の事業利益が減少すれば、農業部門の赤字の許容幅が縮小して、農業部門の赤字削減が迫られるだろうということである。今まさに、農林中央金庫の奨励金水準の段階的切下げで、各農協の営農経済事業の収益改善、その「黒字化」が迫られているのはそうした部門収支の圧力によるものである。

その中で、特殊な位置にあるのが、北海道の農協である。図の中で唯一、農業部門事業利益が黒字になっている。この中には営農指導費も含まれている。それも含めて収支を償っているのだから、特筆ものである。都府県の農協の多くで、農業部門が信用部門に依存しているのに対して、北海道では、農業部門が財務的に「自立」しているのである。

（4）農業部門の自立性と指導賦課金

農協の農業部門の自立性を支えているのが、賦課金である。残念ながら賦課金の状況に関する資料が手許にないが、戦後の総合農協発足時に重要な収入であった「指導賦課金」は、都府県農協ではその後の信用事業の拡大と合併の過程で、次第にその割合を低下させ、多くの農協で廃止に至っている。それが、北海道の農協では、継続され、農業部門の主要な収入となっている。

ちなみに、正組合員一戸当たりの指導事業支出は都府県平均で一一、五三一円、これに対して北海道では二三万五、一二一円に達する。およそ二〇倍である。対応する指導事業収入の方をみると、都府県平均が五、三七六円に対して、北海道は一七万五、六三九円である。その差は二五倍程度になる。その結果、正組合員一戸当たりの指導事業収支差額は、都府県がマイナス七、一五五円であるのに対し、北海道は四〇、四一六円のプラスである。指導事業収入の内訳が不明なので、このうちどの程度が賦課金かははっきりしないが、それが大半を占めることは間違いないだろう。都府県の農協は、一九七〇年代頃から、農協経営の柱にのし上がってきた信用事業の収益によって営農指導事業を支える構造を作ってきたのだが、北海道の農協はそうはならず、農業部門の収益と指導賦課金によってそれをまかなう構造を維持されてきたと言えるだろう。

ところで指導賦課金には、興味深い歴史がある。もともと戦後農協は、戦時中に国策で作られた農業会を直接の前身にしている。その農業会は、産業組合と系統農会などの農業団体の統合によって設立されたものである。産業組合は、事業を必要とするものが自ら出資して経済活動を行って組合員に貢献する協同組合である。他方農会は、半官半民の農業団体で、その主要な事業は農業指導であった。農業指導の費用は、国や地方からの補助金とともに、会員から賦課金の徴収でまかなっていた。販売収益等と直接的に結びつかない農業指導の費用はそのようにして徴収せざるを得なかったのである。

そのために、統合後の農業会では、産業組合から引き継いだ「出資」と、農会から引き継いだ「賦課金」とが併存することになったわけである。その仕組みは、戦後農協法にも引き継がれ、現在に至っている。本来的にいえば、営農指導費については、応益負担として賦課金で徴収するのが正しいのであるが、幸か不幸か、都府県の農協では伸長した信用共済事業の利益でそれを負担することができたことで、それが構造化してしまったのである。

(5) 組合員による「自治」

営農指導という自らの経営にとって必要な事業については、その費用を賦課金であれ手数料であれ、合理的な基準に基づいて自ら負担する、それが、農業部門の自立に本来必要なことなのである。都府県の農協では、先述のような事情から、農業関連事業のあり方が、信用事業の収支によって左右され、農業関連事業の「自立性」とともに「自律性」が弱る傾向がある。

あわせて協同組合の「自治」についても、考えておく必要があろう。自治というのは、「自分や自分たちに関することを自らの責任において処理すること」ということである。要するに自分たちに関わることは自分たちで決める、ということである。本来、ＩＣＡ原則がいうように、協同組合は共通の必要や願いを実現するために、「人々が自主的に結びついた自律の団体」である。つまり自治の組織である。自らに関わるものごとを、他人任せにせず、自分たちでなんとかしようと、人々が集まって作った組織である。自分たちに関わる問題に、自分たちの意見を反映させることができないのであれば、それは協同組合として失格である。当事者が意思決定に関われる仕組みをどう保証するか、そこに農協運営の要諦があるのだが、現実には、そううまくいっていないのが実情であろう。農協合併だけでなく、協同組合間の連携によって問題を解決しようとしてきた北海道農協に学ぶことは多いのではないだろうか。

(6) 行政合併と「周辺化」

ちなみに、同様の問題は自治体でも同様である。愚策としか表現しようのない「平成の大合併」で、平成一一年に三、二三二だった全国の市町村数は、二二年の終了時に一、七二七に減少した。減少率は四六・六％だった。最大の問題は、「周辺化」である。合併後の行政規模とエリアは大きくなるが、合併前の市町村とくに周辺部のそれは、新たな市町村の「周辺」に位置づけられ、自律性を失うことになる。合併前は小なりといえども「中心」だったものが「周辺化」するわけである。どう考えても、周辺地域の住民の自治力は低下せざるを得ないのではないか。行政効率だけを指標に、住民の自治力を無視した合併は、むしろ問題をより深刻にする。

ちなみに、北海道は広い地域に自治体が散在するという地理的な条件があるとはいえ、平成の合併による市町村の減少率は一五・六％にとどまっている。少なくとも、合併による「周辺化」の弊害は避けられているのではないだろうか。

事業体である農協の合併と同列視することはできないが、力の弱い地域や組合員グループが「周辺化」して、活力を失うことにならないための対策が必要である。都府県の農協にとって重要な課題である。自治力、自律力、といった観点から、農協を評価し直すことが必要だろう。

（7）農協が地域を支える――地域住民と農協

最後に、高い准組合員比率についてである。直接のデータを持ち合わせていないので、断定的なことは言えないが、地域におけるシェアについて考えてみたい。

北海道全体の世帯数は二七五万世帯（二〇二〇年一月）である。これに対して、農協の正・准組合員戸数は三二万三千戸であるから、世帯加入率は一二％弱になる。生協はどうかというと、コープさっぽろのＨＰによれば、その組合員数は約一八一万人、組合員組織率は六五・一％となっている。二重加入は当然あるだろうが、両者を単純に足すと七七％になる。総世帯数のほぼ四分の三である。ちなみに、全国の生協の世帯加入率は、二〇一九年度で三八・四％、農協のそれは正准合わせて約一五％であるから、合計すると四三％である。北海道における協同組合加入率の高さが際立っている。

北海道の農協の准組合員の事業利用は、農村部を中心に、信用事業と店舗事業、ガソリンスタンド事業等の利用とみられる。逆に言えば、一般の企業が立地しにくい地域に、農協の店舗が存在していて、地域の人々のくらしを支えているということができる。農協がなければ、そうしたサービスが提供されない可能性がある。それら事業において、連合会が果たしている役割は大きいが、産業基盤である農業をベースにした農協だからこそ、対応できている面が大きいと思う。農協が、地域において果たしている役割にも自信を持つべきであろう。

全国的に見ても、人口減少と高齢化のもとで地域経済、地域社会の衰退は著しい。その中で、農協への期待も大きい。地域の自治と自律のためにも、地域の基盤産業として農業がしっかりしていることが不可欠である。農協の自立と自律は、それらを支えるものである。

むすびにかえて

本章では、自治と自律という視点から北海道の農協と都府県の農協との比較を行ってきた。もちろん、北海道の農協の中にも、都府県の農協の中にも幅広いバラエティがあるので、単純な断定は危険だが、北海道農協と都府県農協の平均値の比較でも、農業中心の事業構造、営農指導事業の自立性、組合員に近い農業者代表によるガバナンスなど、その違いは明らかである。また、地域住民が准組合員として農協事業を広く利用しているのも特徴である。

こうした特徴は、農業者が事業利用と運営の中心に座った理想的な姿のように見える。そしてそれは、都府県農協が自らをふりかえる基準ないし「鏡」の役割も持つだろう。その意味で、北海道農協の自治と自律にもとづくさらなる発展を期待したいと思う。と同時に、そうした特徴ゆえに北海道農協がもつ問題と課題も存在するだろう。北海道地域農業研究所をはじめ研究者の協力も得ながら、課題解決と持続的な発展の道を歩むことを期待したい。

2 北海道内の農協金融の特徴と展望──「開発型」農協のゆくえ──

青柳　斉

はじめに

本稿は、主に二〇〇〇年初頭以降の北海道における農協金融の動向に関して、統計的資料にもとづき、全国的傾向との対比においてその特徴を明らかにし、併せて今後の展望について検討してみたい。なお、道内農協の信用事業実績に関する公表統計は限られており、『総合農協統計表』（農水省）のほかには、北海道農協中央会及び道信連の農協関係資料や農協・信連のディスクロージャー誌（ＨＰに掲載のｐｄｆ）を参考にした。

（1）道内農協金融の概観的傾向

最初に、『総合農協統計表』で道内農協における〇三年以降の貯金・貸出金（平残）の動向を概観してみよう。**図2・1**によれば、貯金は一八年まで一貫して増大しており、一九／〇三年対比では一・三倍増になる。他方の貸出金は、〇六年以降では減少傾向にあり、同年対比では△一三％の減少率になる。したがって、貯貸率は〇六年以降一貫して低下しており、〇五年の三五・八％から一九年の二三・四％へと全国平均並みに近づいてきた。

また、預金は貸出金の動向とは反対に一八年までは増大傾向にあり、一九／〇三年対比では一・六倍増と顕著である。そのため、こ

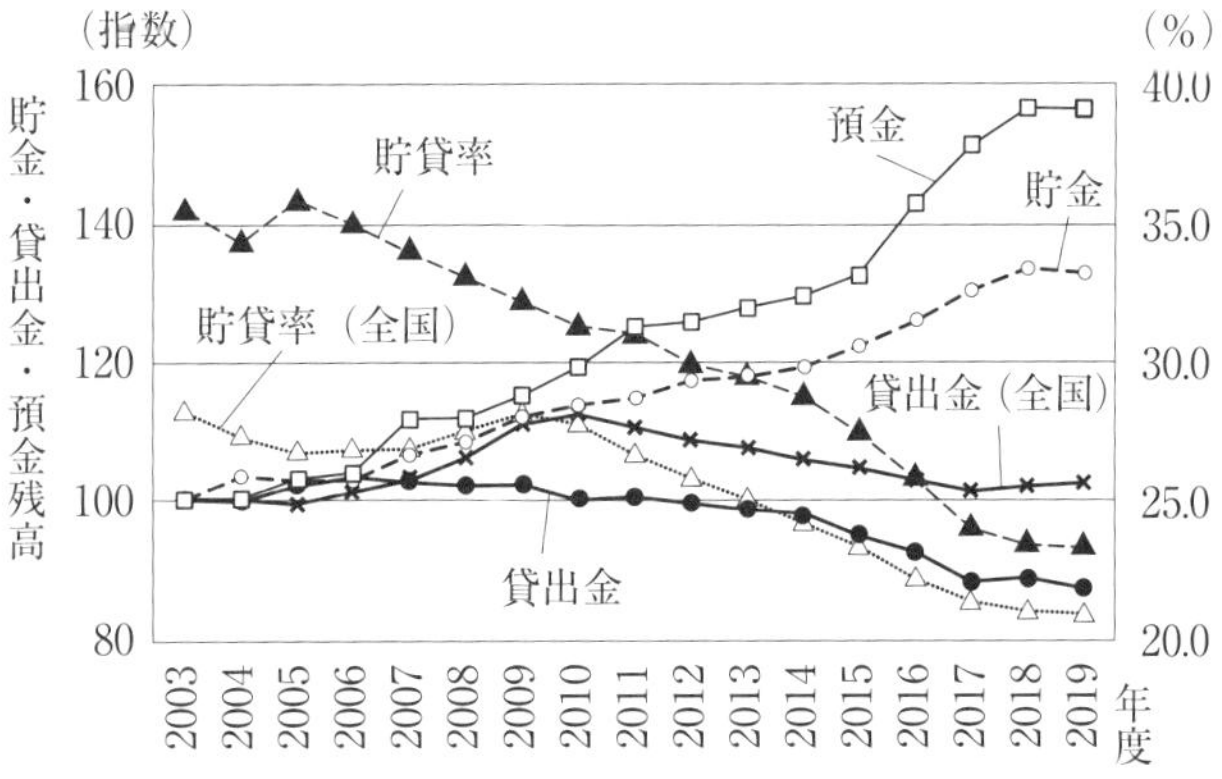

図2.1　道内農協の貯貸率、貯金残高等の推移
（残高指数：2003年=100）

注：各年度『総合農協統計表』より作成。「貯金残高」等の指数は、03年度実績を100とした相対値である。
なお、各数値は月末平均残高で算出している。

の間の貯預率は、図中には表示していないが、〇三年の六七・二%から一九年には七九・二%へと上昇し、いまや全国農協平均（七六・二%）を超えており、資金運用の系統依存を強めている。

このように、現在の道内農協の平均像は、「信用事業を起点とした事業展開」に特徴づけられる「開発型」農協（坂下明彦他［2］、30頁）のイメージからかなり遠ざかっている。

（2）農協貸出の多様性と農業金融の特徴

ここで、道内農協の農業金融面での特徴と動向について検討してみよう。まず、北海道農業の経営規模の大きさは、農家・法人の資金需要の規模に反映している。農水省「経営形態別経営統計」によれば、北海道の「個別経営」の借入金（二〇一九年末）では、短期資金で一三二万円、長期資金では一、〇〇七万円になり、これは全国平均のそれぞれ七・四倍及び三・八倍になる。この点で、道内農協金融において農業貸出の比重の高さを予想させる。

『農林漁業金融統計』（農林中金）によれば、二〇二〇年三月末で系統農協組織の貸出総額に対する農業関連資金（農業関連団体を含む）の割合は、農林中金では二・六%、信連五・二%、農協レベルでも五・四%にすぎない。これに対し、同年末の北海道信連では二四・二%と高いが、関連団体貸付を含まない農業貸出だけでは三・二％に留まる。一方、道内農協については貸出内容に関する公表統計が見当たらない。

道内農協の貸出状況に関しては、小林［3］（91〜94頁）が農業地帯別の特徴を指摘しており、農家の資金需要が小さい水田地帯では貯貸率が低く、貸預率（預け金／貸出金）が高い。その反対に、大規模な施設投資を伴う規模拡大が進む酪農地帯では貯貸率が高く、貸預率が低いこと、また、畑作地帯では両者の中間的特徴をもつという。

ただし、農協の貸出内容は同じ農業地帯でも単協間の格差が大きい。この点について、ディスクロージャー誌（二〇二〇年度実績）をHPに掲載している三五農協（注1）から確認してみよう。いま、貸出金に占める農業貸出額（団体貸付を除く）の割合と貯貸率の二次元座標で各農協の実績値を示すと、**図2・2**のように分散する。貯貸率の低いAグループ、貯貸率が高いものの農業貸出の割合が極端に小さいBグループ、貯貸率が高く農業貸出の割合が高いCグループにおおよそ分けられる。このうちCグループは「開発型」農協に相当し、現在でも道内（主に道東）において一定程度存在している。いくつかの農協（JA）名を明示しているが、同じ農業地帯でも異なるグループに分かれている例がある。

また、各農協の農業貸出率に着目すると、単純平均では五八・三％になり、三五農協合計の総貸出額及び農業貸出額から求めた比率では三五・一%と両者の差異が大きい。それは、総貸出額の大きい農協ほど農業貸出の割合が低い傾向にあることを示唆している。ただし、いずれの「平均値」にせよ、上述の全国農協の農業貸出率に比べて約六〜一一倍の高さであり、道内農協金融における農業貸出比重の高さが推察できる。なお、一九年度の道内農協の総貸出額は七、二七〇億円（道信連資料に基づく）であるが、農業貸出額を上述の平均値比率から推計すればおよそ二、五〇〇〜四、一〇〇億円の範囲になる。

　ところで、前掲**図2・1**で指摘したように、道内農協の貸出金は〇六年以降に

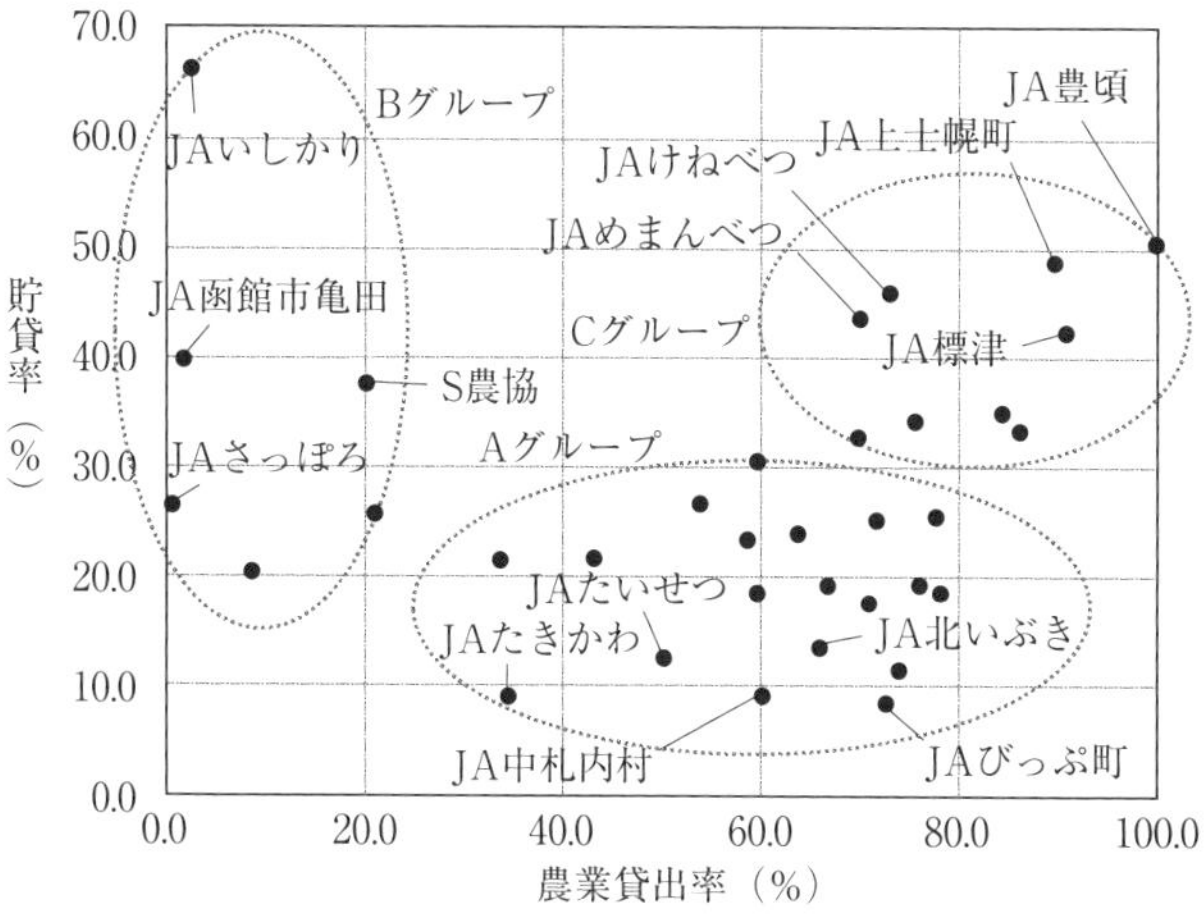

図2.2　道内35農協の貯貸率等（2020年度）

注：各農協のHP掲載のディスクロージャー誌より作成。
「農業貯貸率」とは、農協貸出金に占める営農資金貸付割合をいう。貯貸率は平銭で、農業貸出率は期末残で算出した。なお、2農協は2019年度の実績である。

減少傾向にあり、特に近年の落ち込みは全国的傾向を上回る。全国農協の場合、その貸出金の動向について『農林漁業金融統計』で概観すると、統計が掲載されている二〇一〇年度以降、農業関連資金は減少傾向にある。具体的には、一九／一〇年度末対比で△二四・七％と減少しており、貸出金に占める割合も六・七％から五・四％に低下している。これに対して住宅資金は、〇一年以降増大傾向にあり、〇九年度の落ち込みや一四〜一七年度までの一時停滞はあるものの、住宅資金の貸出割合は〇一年度の三三・三％から一九年度には五九・六％に上昇している。

このような全国的な傾向は、道内の農協にも当てはまるであろうか。近年の北海道農業は、TPPやFTA等による交易環境の悪化にも関わらず健闘している。米価が落ち込んだ二〇一〇年との対比では、一九年の道内の農業産出額は二六％増、農協の販売取扱高では二九％増になり、全国平均のそれぞれ一〇％増、七％増に比べて高い。ただし、金額ベースでの道内農業の「成長」を作付面積や飼養頭数等で捉えた場合、多くの品目で横ばいないし減少傾向にある。また、農業経営の規模拡大の一方で農業経営体数は激減しており、「農林業センサス」によれば二〇／一〇年対比で四分の一も減少している。

このような情勢からすれば、離農者農地を集積し規模拡大を続ける個別経営レベルでの資金需要は旺盛であっても、道内全体としての農業金融市場は縮小していると推測される。実際にも、ディスクロージャー誌で確認できるいくつかの農協事例では、農業貸出実績は減少傾向にある。一方、近年の都市部の農協では、准組合員の拡大によって貯金や住宅ローンの推進を強化しているように思われる(注2)。また、地域農業の衰退が著しい農村地域でも、准組合員向け融資拡大に積極的に取り組んでいる農協があるという(注3)。このような点から、道内農協の貸出内容においても上述の全国的傾向と同様と推測される。

近年の農業貸出の減少傾向には、農業金融市場の縮小とは別に、他金融機関の農業参入も影響しているのであろうか。国内全体においては、地方銀行や信用金庫等の農業金融市場への参入は最近になって顕著である。『農林漁業金融統計』によれば、国内銀行の農林業貸出額は一九／一五年度対比で三七％の増加率になる。道内の銀行でも、農業の地域商社や農業法人支援ファンドを設立して、農業金融ビジネスに進出するような動きがある。

また、日本政策金融公庫（旧農林漁業金融公庫）は道内農業金融において大きな比重を占めている。系統農協の受託貸付金に限っても、一九年度末の道信連で二、四二九億円、道内農協では八四〇億円になる。そして、両者を合わせた資金量は、上述の道内農協全体の農業貸出推計額に匹敵する。また、**図2・2**の三五農協のうち一一農協は、受託貸付金（公庫資金）の規模が農業貸出金の半額以上であり、うち四農協は農業貸出金を大きく上回る。

道内の農業金融市場が縮小しつつあるなかで、政策金融公庫の受託貸付は増減変動を繰り返しながら横ばい傾向にある。その状況が、道内農協の農業貸出の減少や貯貸率の低下に影響しているかもしれない。

ところで、図2・2に掲載の大多数の農協が貸出実績を減少させている中で、逆に貯貸率を向上させた農協がある。そのうち図中のS農協（Bグループ）は、貯金高が一千億円強で道内では資金量規模の大きいほうである。ディスクロージャー誌によれば、当農協の農業貸出は二〇／一二年度で△二六・八％と減少傾向にあり、貸出総額に占める割合は同期間に三五・二％から二〇・四％に低下している。その一方で、農協の貸出総額においては逆に同年対比で二六・六％増に伸長し、貯貸率は三三・一％から三七・七％に上昇させている。それは、ローン営業センターの設置による住宅ローンの推進強化に加えて、地元の各種サービス業や建設業、卸小売り・飲食店等多業種への積極的な貸付拡大によるものである。

S農協の取り組みは、農業金融市場が縮小傾向にある今日、地域金融機関としての「開発型」農協の新しい事業展開として注目されよう。

(3) 道内農協金融の収益構造の変化

ところで、超低金利の金融環境のもとで、貯貸率の低下すなわち系統預金運用の拡大が、信用事業部門の収益構造にどのような影響を及ぼしているであろうか。この点について、まず、『総合農協統計表』で道内農協の資金運用収益の動向から確認してみよう。

運用収益の内訳では、〇三年の時点で貸出金利息の割合が七二・四%と極めて高い水準にあり、預金利息二・二%、有価証券利息一・〇%、その他利息が二四・四%であった。ここで、貸出金利息割合の動向に着目すると、貯貸率の推移に連動して〇三年以降は低下し、一〇年に五八・七%、一九年には四一・四%までに縮小する。一方、預金利息は一〇年九・九%、一九年に二・二%とその構成比は低いが、「その他利息」(系統運用に対する受取奨励金・特別配当金等)は、それぞれ三〇・五%、五五・九%と上昇している。要するに、道内農協の運用収益では、いまや系統「預金利回り」(奨励金・配当金含む)が過半を占めている。

運用収益での系統預金依存の強まりは、貸出金の低下と預金の増大という運用構成の変化に留まらず、運用収益性の変化にも起因している。この点について、道信連の農協経営分析調査資料に依拠して、各資金の利回り及び純利鞘等の推移から確認してみよう。

まず、貸出金利回りは〇八年の二・四〇%から一貫して低下し続け、一九年では一・五七%

へと〇・八三％も圧縮している。他方、同時期の貸出金原価（調達原価＋運用経費率）は二・三九％から一・七四％へと〇・六五％の低下に留まる。その結果、貸出金の純利鞘（貸出金利回り－貸出金原価）は、〇三年の〇・七〇％から〇八年には〇％へと大幅に縮小したが〇九年以降には順ざやに戻り、一一年には〇・三四％に回復する。ただしそれ以後、再び低下して一五年まで〇・一％前後の薄利で推移し、一六年以降はついに原価が利回りを上回る逆ざやに転じた。いまや貸出額を伸ばすほど、純収益レベルでは損失が増える事態に変わっている。

なお、貸出金原価を構成する運用経費率は、二〇一〇年以降一・四％前後の横ばいで推移している。他方の調達原価は、一九／一〇年対比で〇・七八％から〇・三五％に低下している。このことから、貸出部門の赤字化の要因は、〇九年以降において、調達原価の低下度を上回る貸出金利回りの低下幅の大きさにある。

一方、預金部門の収益性の動向に関して、二〇一一年以降の預金利回りと調達原価の推移をみると、前者が一二～一九年において〇・六〇～〇・六六％の横ばい傾向に対して、後者は上述のような低下傾向にある。また、系統預金の運用経費率はほぼ〇％の近傍にあることから、預金純利鞘（預金利回り－運用経費率－調達原価）は、一〇年の〇・〇四％の薄利から拡大傾向にあり、一九年では〇・二四％までに上昇している。

預金純利鞘の上昇要因は、低金利基調下でも預金利回りの維持、すなわち系統預金運用での受取奨励金・特別配当金の大きさにある。その預金利回りの高さは、直接には道信連の利益還元に依存するのだが、さらにその背景には農林中金への預け金利回りの高さに支えられてきた。道信連「ディスクロージャー誌」によれば、二〇一二～二〇年の平均で、貯金利回りの〇・五三％に対して預け金利回りは〇・六五％の高さにある。

ただし、中金の系統預金に対する奨励金水準は、一九年度から段階的に引き下げられている。実際に道信連の預け金利回りは、一八年度の〇・六六％から一九年度〇・六一％、二〇年度〇・五六％へと下がっている。これに対して、貯金利回りは〇・五三％から〇・五一％、〇・四九％という微減に留まっており、道信連の単協経営に対する影響緩和の配慮が伺える。

なお、道信連は、一四年度に一四一億円（単体）という近年では最高の当期利益を出したが、それ以降減益傾向にあり、直近の二〇年度では四六億円に留まる。その背景には貸出金利回りの大幅な低下があり、〇九年の一・六八％から二〇年には〇・六四％へと、もはや預け金利回りの水準とほとんど変わらない。この厳しい収益性事情は、多くの信連が直面している問題でもあり（注4）、今後の単協信用事業収益にその影響が増してくると予想される。ただし、道内農協の場合、都府県農協に比べて経営財務へのその影響度は小さいと想定される。

近年まで、道内農協の信用事業総利益、事業利益は安定的である。『総合農協統計表』によれば、二〇一一～一九年において信用事業総利益は二三七～二五八億円の範囲で推移しており、平均では二四六億円になる。そして、道内の農協経営における信用部門への依存度は低い。

道信連の農協関係資料によれば、営農指導事業分配賦前の当期損益に対する道内農協の事業部門別寄与率は、一一～一九年において信用事業部門は三七・七～五二・五％の範囲にあり、期間平均では四五・六％になる。これに対して、共済事業の期間平均は二八・四％、農業関連事業七八・五％、生活その他事業三・九％、営農指導事業分配布額が△六〇・七％となる。

このように都府県とは異なって、道内農協の農業関連事業は共通管理費配賦後損益レベルで大きな黒字部門であり、営農指導事業費を単独で負担することが可能である。さらに、「生活その他事業」も収支均衡ないしやや黒字であり、各事業部門が独立採算的である。この点で、道内の農協経営の大半は、信用・共済事業に大きく依存していない。

とはいえ、剰余金での特別配当や自己資本造成（内部蓄積）において、信用事業部門減益の影響は小さくなく、その収益改善は道内農協にとっても重要な経営課題になろう。また、地域金融機関としての本来的事業理念を掲げるならば、改めて「開発型」農協を志向し、地域内の農業関連産業資金や生活資金等の貸出に積極的に取り組んでいくことが求められる。そのさい、貸出部門の「逆ざや」を解消する必要があり、貸出推進の一方で、貸出業務や貯金吸収のコスト低減が喫緊の課題になってこよう。

注

（1）三五農協の地区別の農協数は、道央一〇、道東一三、道北九、道南三であり、道東にやや傾斜している。なお、二農協については二〇一九年度実績に依拠している。
（2）坂下他［2］（76〜79頁）は、准組合員の増加が都市部で顕著であり、その事業利用が金融部門に集中していることを紹介している。
（3）正木・小林［1］にもとづく。
（4）近年の系統農協金融及び農業金融の動向については、拙稿［4］を参照されたい。

引用・参考文献

［1］正木　卓・小林国之「北海道・北檜山町農協を事例として」『平成二六年度　少子高齢化が農業協同組合の経営に与える影響調査』農水産業協同組合貯金保険機構、二〇一五年
［2］坂下明彦他『総合農協のレーゾンデートル』筑波書房、二〇一六年
［3］小林国之「北海道における農協事業・経営の現段階」、同編著『北海道から農協改革を問う』筑波書房、二〇一七年
［4］青柳　斉「農協金融問題の焦点とめざすべき方向」『農業と経済』第86巻第7号（二〇二〇年八月）、26〜34頁

3 「ネットワーク型農協」の可能性—オホーツク農協連の事例から—

両角和夫

(1) 問題の背景と課題

世界的な金融市場の緩和の下で超低金利状態が続き、我が国農協経営を中心的に支える信用事業の収益性は大幅に悪化している。農協系統組織は、農協の組織、事業体制の新たなあり方の模索を迫られているが、依然として、広域・大型合併、あるいは県域を範囲とする農協合併の推進で対処しようとしている。

しかし、農協合併は考えられる唯一の方法ではない。三輪(一九九七)は、一九九〇年代の農協改革の当時、合併推進の方針が強く打ち出されたことに対し、農協＝法人そのものを合併＝「法人合併」するのではなく、機能を合併＝「機能合併」する方法も考慮すべきとの見解を示した（注1）。新たな農協のあり方として提示したのが「ネットワーク型農協」である。農協をネットワークで結ぶことで、機能合併を行うことが出来ると提案したのである（注2）。

三輪の問題提起は、一部の関係者には高く評価されてきた。しかし、農協系統あるいは行政機関に広く受け入れられた訳ではない。最大の理由は、国内に依拠すべき事例がほとんど見られなかったからと思われる。しかし、農協合併のもたらす当面の経営安定化を優先するあまり、農協のあり方に関する真摯な検討が疎かにされたことも顧慮すべきであろう。

三輪は当時、北海道の十勝農業協同組合連合会（「十勝農協連」）による「ＪＡ十勝ネットワーク」にネットワーク型農協の可能性を見出した（注3）。その後、とくに見るべき事例はなかったが、近年、新たな動きが注目される。熊本経済連が組織、運営する青果物コントロールセンターに参加する県内一一農協のネットワークの事例である。これは、県の青果物販売額のＶ字型回復をもたらしたことで大いに喧伝された。両角（二〇一九ａ）は、そこにみる販売戦略および組織・運営の実態を分析し、ネットワーク型農協への発展の可能性を展望した。

最近では、北海道でも類似した動きが見られる。東山（二〇一八）は、道の地方行政区を単位とする農協連合会の活動再開という新たな動きを、「地区連ルネッサンス」として捉えている。著者も以前から、こうした地区農協連の中でも実績があり、今後の活躍が注目されるオホーツク農業協同組合連合会（以下、「オホーツク農協連」）の動向に注目してきた。

本稿では、このオホーツク農協連を事例に取り上げ、次の二つの課題を設定する。第一は、その歴史と組織・事業体制、および管内農協に果たす機能を把握、検討すること、第二は、北海道では何故、本稿で言うネットワーク型農協が、地区農協連という特有の組織形態をとって現れるのか、その理由を考えてみること、である。

(2)「ネットワーク型農協」とオホーツク農協連

一九九〇年代初めの農協改革二法の成立をきっかけに、三輪は上記の議論を展開した。こうした法律は、大規模合併農協の体制整備、機能強化の方針、単協段階と全国段階との事業二段、組織二段化等を目指す系統組織整備対策の推進に主たる目的があった。三輪はしかし、果たしてこのような対策で本当に農協改革が出来るのかと、次のような疑問を投げかけた。

大規模化した農協の組織、事業、経営を具体的にどう編成し運営するのかがはっきりしない、法人としての統合が先行し、機能についての検討がほとんどされていない。何のための大規模化かを問うならば、答えの核心は、スケールを活かした機能の効率化のはずである。単に法人統合＝大規模化を実現しても、それだけで期待するスケールメリットは生まれるはずがない、機能論が先行すべきである、と。

三輪が機能論として着目したのは、企業社会で広く見られる、ダウンサイジングと分権化である。企業内部の活動単位を含め小規模活動にヒト、モノおよびカネを出来るだけ専属させ、出来るだけ大きな権限＝分権を与え、成果応報のシステムを組み合わせる。そうすれば職員の参加意識の向上と効率化の達成が助長される。そのネットワークにおける執行部＝本部の主な役割は、自律的小規模単位の設定とそれへの大幅分権の実施、および全体的な企画・調整と運営を担うことにある。

オホーツク農協連は、管内の農協が、地域農業、農村が抱える問題、課題を主体的に解決するために組織した連合組織であり、現在、農協ネットワークの企画、運営に関与している。本来、ネットワーク型農協の組織形態は、地域の農業、農村の実態あるいは歴史的背景によって多様であり得るが、オホーツク農協連は、そうした形態の一つと考える。

(3) オホーツク農協連の歴史と現在の事業と活動

オホーツク農協連の前身は、第二次大戦直後の一九四八年、農業、農家および単協が当面する地区の問題、課題に対処するため、新生農協が設立した「北見地方農業協同組合連合会」

（以下、「北見地区連」）である。しかし、北見地区連は、一九六〇年に北見市で開催された第一一回全道農協大会の「農協系統の体質改善に関する決議」を受け、早くも翌一九六一年には、事業・活動のほとんどを、資産、職員共にホクレン等の道段階の連合組織に移管した。北見地区連は、地区生産連の道連合会等への事業等移管の第一号である。

北見地区連には、固有の財産管理（農業会館等）の管理機能が残され、地区の農政活動機能は、地区の農協の組合長会（一九六一年設立）が担うこととされた。その後、一九七一年には常勤役員を設置すると共に、「北見農業協同組合連合会」に改称、さらに二〇一七年に現在の名称「オホーツク農業協同組合連合会」（オホーツク農協連）となった。

北見地区連の活動、事業が活発化したのは、二〇〇一年に酪農地帯の敷料不足問題に対処するための新たな事業の導入以降である。現在のオホーツク農協連が所有、管理する各種の共同利用施設の大半は、今日に至る間、各種補助事業等を活用して整備してきたものである。

現在の事業・活動は、専務、参事の指揮の下で、管理部、農業振興部、農産事業部および畜産事業部の四部、各部に所属する九課の体制で行われている。職員は、本部および六事業所に、二七名が配置されている。そこでの主な事業、活動内容はほぼ次の二つである。

一つは、管内農協が当面する各種の問題、課題に対応するために設置した共同利用施設等の管理、運営である。これらは各農協に共通して必要とされるもので、広域穀類乾燥調製施設（「ビーンズ・ファクトリー」）、網走市小麦集出荷施設、オホーツク地域化製場、農産物検査センター、敷料確保対策事業施設、北見管内畜産総合施設等などがある。

例えば、ビーンズ・ファクトリー（二〇一八年度）は、現在の三年輪作（小麦、てん菜、馬鈴しょ）に豆類を加えた四年輪作への移行推進とオホーツクブランドの形成が目的である。また、網走市小麦集出荷施設（二〇一四年度）は、近年の小麦の増産の一方での旧施設の老朽化に対処し網走港から道外に出荷できるよう設備の増強を図ることを目的にしている。

二つは、農業振興方策（現在は、第二次農業振興方策二〇二〇～二〇二四）の策定と実践推進である。農業振興方策は、詳細な実態分析を踏まえたオホーツク地区の農業の将来展望を示し、その実践内容を提示している。じつは、第一次方策の策定主体は、オホーツク農協組合長会であった。しかし、今回の第二次方策は、オホーツク農協組合長会とオホーツク農協連が共同で策定した。このことは、当該農協連が農協ネットワークの本部としての機能を強め、管内農協が共通する問題、課題に対処する体制を整備、強化したものと言える。

（4）オホーツク管内農協の経営動向

オホーツク農協連は管内の一四農協で構成されている。戦後（一九四八年）設立された農協数は三八であるが、新設合併等を経て現在の数になった。組合員総数が千人を超える農協は一〇であるが、正組合員が一、〇〇〇人を超える規模の農協は一（きたみらい）、五〇〇人以上が二（オホーツクあばしり、こしみず）、残り一一農協では三〇〇人以下が過半を占める。

はじめに、農畜産物の販売額を見ると、一〇〇億円超の農協は一〇、うち最大はＪＡきたみらい（五〇七億円）、最小はＪＡところ（七六億円）である。販売内容は、畑作中心と酪農畜産中心の二つに大別できる。前者は、北見地区（きたみらい、ところ）と斜網地区（つべつ、びほろ、めまんべつ、オホーツクあばしり、こしみず、斜里町、清里町）、後者は西紋地区（北オホーツク、オホーツクはまなす）と東紋地区（ゆうべつ町、えんゆうおよびサロマ）である。

管内の農業で注目されるのは、政府による畑作向けの経営安定交付金と畜産向けの牛乳補給金・集送乳調整金の金額の大きさである。前者の交付金は、北見地区と斜網地区で大きく、販売額に占める割合も高い（注4）。一方、後者の補給金は、畜産物販売額に占める比率は数％に止まるが、西紋地区、東紋地区における金額は大きい。これら交付金等の大きさからは、管内の農業はかなりの程度、政府に下支えされていることが窺える。

次に、農協の経営動向をみると、主要事業の成果を総合的に示す過去五か年の経常利益は、大半が概して好調であり、明らかに減少傾向にある農協は三に過ぎない。当期剰余金の動向もほぼ同様である。主要事業別にみると、農業関連事業の収益は大半の農協で増大する傾向にあるが、信用事業の収益は徐々に減少している。信用事業の収益減少は、超金融緩和状況の下で、その事業の重要な収益源である農林中金等での預金運用益が低下してきたためである。

どの事業が、どの程度農協経営に寄与しているのか。詳細は割愛するが、一四農協が作成している部門別損益計算書を用いて、税引き前当期総利益に対する、各事業の営農事業配分後の比率＝各事業の農協経営への寄与度を示すと、農業関連事業の寄与度が最大の農協は一〇と大半を占める。一方、農業関連事業が信用事業や共済事業以下の農協は四である。

(5) オホーツク農協連が管内農協に果たしている機能

農業関連事業に支えられて管内農協の大半は経営的に安定的である。このことは、オホーツク農協連の事業、活動が管内農協に少なからぬ貢献をしてきたことを窺わせる。

オホーツク農協連が果たしてきた機能としては、主に次の二つが考えられる。

一つは、管内農協の事業、活動に直接的な効果をもたらす機能である。この機能に関しては、次の二つが挙げられる。

第一は、共通施設の整備により、各農協の投資、費用を大幅に節減、あるいは結果的に販売の拡大をもたらしたことである。各農協はこれまで、自ら投資あるいは費用負担をして必要な施設等を整備してきた。これらの施設等は、畑作が中心的な地域に多いが、規模や内容を別にすれば、施設の箇所数は一〇～三〇程度、なかには三〇か所を超える農協もある。それが二〇〇〇年代以降、オホーツク農協連が共同利用施設等を建設あるいは管理することで、管内農協は必要な投資をある程度節約できた。もとより農協連への出資は、各農協が行ってきた設備投資額に比べるとごく一部に過ぎない（注5）。しかし、先に述べたビーンズファクトリー（八〇億円）や網走市小麦集出荷施設（四二億円）等の大規模投資は、個々の農協が負担対処するには到底無理であろう。利用事業に関する機能合併がもたらす効果と言える。

第二は、オホーツク農業の振興方策に基づき、管内農協が取組むべき方向が明確にされたことである。振興方策は、「畑作」、「酪農畜産」および「担い手、農地」に分けて、対処指針が示され、逐次実践されている。管内農業の現場に詳しい農協および農協連の職員が策定に関わったからである。農協の指導事業に関しても機能合併が出来た成果が見られる。

もう一つは、農協の主体的な事業、活動を下支えする機能である。

管内の農協は、正組合員が五〇〇人未満の小規模な農協が多いが、多くの農協では経営的に安定している。管内の農協が自然、経済、社会条件に十分配慮し、組合員の要望に沿った対策をするには、当該農協が自主的、主体的に行動が出来る経営環境が必要である。農協連は農協ネットワークの本部として、農協の事業、活動の下支え機能を果たしていると言える。

(6) 地区農協連に見る新たな動きの背景

これまで、第一の課題である、オホーツク農協連が管内農協に果たす機能について把握、検討してきた。ここでは第二の課題である、北海道では何故、ネットワーク型農協が地区農協連という形態をとって現れるのか、その理由等について若干の考察を行いたい。

地区農協連は、先に述べた北見地区連と同様、戦後、北海道の地方行政区（支庁）を単位に、農業、農家および農協が当面する問題、課題に対処する目的で設立された。設立数は、二支庁を区域としたものを含み全部で一三（当時は地区生産連）である。しかし、一九六〇年代の系統農協体質改善運動の過程で、その多くでは道の連合会に事業移管され、十勝農協連など一部の地区連以外は、所有する施設の管理の業務等が残されるに止まった。

これらの地区連が再び活動を開始したのは、近年である。では何故、多くの地区連は一九六〇年代に業務を連合会に移管し、その中でその後、活動を再開するものが現われたのか。これには、北海道農業の地帯構成およびわが国農業問題の変化が深く関係すると思われる。

一つ。北海道農業の地帯構成について。道によれば、農業地帯は現在、次の四つに大別される。①道央地区：水田農業中心の地帯。酪農、畜産との複合経営、近年、野菜作展開。②道南地区：稲作、施設園芸、酪農・畜産など多様。中山間地帯農業としても注目。③道東の畑作地区：オホーツクおよび十勝の畑作地帯。主要畑作物の輪作体系、大規模な酪農・畜産。④道東の酪農地区：宗谷、釧路および根室の酪農地帯。戦後の大規模農地開発で草地等造成、大型酪農展開。現在の地帯構成の枠組みは、坂下（二〇〇六）等によれば一九七〇年代末頃までに形成された。その後は、こうした枠組みの基本は変わっていない。

二つ。わが国農業問題の変化について。わが国では、一九六〇年代以降の高度経済成長期までは、農業問題の中心は農家の貧困問題であり、都市近郊世帯並みの所得と規模拡大が政府の基本法農政の主要目標であった。しかしこの間、貧困問題はほぼ解消され、九〇年代に制定された新農基法では、次の四つが新たな問題として発現した。①食料自給率の低下、②農業の担い手不足、③中山間地域の後退、そして④農業の多面的機能の低下、である。

（7）ネットワーク型農協としての地区農協連の展望

これまでみた地区農協連の近年の動きと今後について、北海道農業の地帯構成変化とわが国農業問題の変化を踏まえて考えると、次のようなことが言えるのではないか。

一つは、地区農協連の活動がほぼ停止した一九六〇～七〇年代は、農協系統も行政も、所得の増大、経営規模の拡大は、北海道全体の主要、かつ共通の課題であった。このため、国の政策的支援を受ける意味からも、地区農協連ごとではなく、ホクレン等の連合会レベルで取り組むことに主眼がおかれた。当時はまた、農業の地帯構成も未だ変動の過程にあった。

二つは、新基本法農政以降、自給率の低下は全国レベルの問題であるが、それ以外の三つの問題は、各地域の歴史、経済、社会状況の違いにより様相が異なる。いわば地域特有の問題として発現し、基本的に地域ごとに対応のあり方も異ならざるを得ない。

三つは、農業地帯構成がほぼ地方行政区域の単位でみられる北海道では、地域ごとに発現する特有の問題、課題は、基本的にその単位を基礎として対応することが迫られる。

したがって、今日は、地区農協連が地区の問題に対処するため再び活動を迫られる状況にあることが理解できる。仮説の域を出るものではないが、こうみると北海道ではネットワーク型農協が地区農協連という形態で展開する可能性が高いのでは、と考えられる。

注

（1）三輪（一九九七）を参照されたい。機能合併は様々考えられるが、本稿で示す事例では、販売部門（熊本県）、施設利用や指導部門（オホーツク農協連）の機能合併がみられる。

（2）三輪（一九九七）は、スペインのモンドラゴン協同組合にも注目していた。これについては、両角（二〇一七）、坂内（二〇一八）を参照。なお、ＪＡ十勝ネットワークについては、太田原（二〇〇八）を参照されたい。

（3）北海道協同組合通信社（二〇二〇）は、九月のＪＡ十勝ネットワークと十勝農協連の一体化を報じている。

（4）交付対象ではない玉ねぎ等が多いＪＡきたみらいは、農産物販売額に占める交付金の割合は小さい。

（5）管内農協のオホーツク農協連への出資額（二〇一九年度）は、農協の有形固定資産の平均三％、最大で一五％程度と見られる。

引用・参考文献

［1］坂内久（二〇一八）「モンドラゴンに学ぶ地域社会における協同組合の役割」、『農林金融』第71巻第10号（二〇一八年一〇月）、二七～五〇頁

［2］東山寛（二〇一八）「第1章　総括と提言」、一般社団法人　北海道地域農業研究所『新たな農協間協同に基づく広域農業振興の可能性に関する調査研究報告書』（平成二九年度北農五連委託調査研究）、一頁

［3］三輪昌男（一九九七）『農協改革の新視点　法人でなく機能を』（全集　世界の食料・世界の農村 第12巻）農山漁村文化協会
［4］両角和夫（二〇一七）「モンドラゴンに学ぶわが国農協改革のあり方－スペイン・モンドラゴン協同組合企業体の事例を基にして」『大原社会問題研究所雑誌』、No.710、四七～六二頁
［5］両角和夫（二〇一九ａ）「農協合併の問題と一県一農協の課題－ネットワーク型農協論の視点から―」日本農業研究所報告『農業研究』第22号、二〇五～二六六頁
［6］両角和夫（二〇一九ｂ）「新しい農協像とは何か―農協改革の課題と農協の組織・事業体制の新たなあり方の検討」『協同組合研究』第39巻第1号（通巻104号）、二〇～二七頁
［7］太田原高昭（二〇〇八）「十勝地域の農協ネットワーク」『開発論集』第18号、一～一四頁
［8］坂下明彦（二〇〇六）『北海道農業の地帯構成と構造変動』（岩崎徹・牛山敬二編著、第1章、第1～4節）
［9］北海道協同組合通信社（二〇二〇）「十勝二四農協の中核的組織に発展―十勝農協連」『北海協同組合通信』二〇二〇年一〇月七日、第一七四九三号

4　北海道における農協営農経済事業の特性と組合員参加

板橋　衛

はじめに

この度、北海道地域農業研究所の出版助成を得て、『果樹産地の再編と農協』を三月末に上梓することができた。出版助成を承認いただいたことにあらためて感謝申し上げる。

さて、その執筆に至った問題意識の一つとして、農協「改革」および自己改革への違和感があった。農協「改革」と自己改革を一緒くたに扱うことへの反論もあるかもしれない。しかし、その内容は、農業の生産拡大と農業所得の増大を実現するために、農業関連事業への取り組みを強化することを農協に強く要請している点では一致している。そのため、農水省からは農協における信用・共済事業の位置づけを問題視し、系統農協側からは営農経済事業への経営資源のシフトを進めることで呼応している。そこからは、農業関連事業に特化した専門農協の姿が浮かび上がってくる（注1）。これに対して、青果専門農協と総合農協が合併することを通して果樹振興を図ってきた愛媛県の農業・農協の立場からすると、「改革」の方向は時代逆行的とみられるのである。

こうした視点で白書は現状分析を行っているが、その出版助成を決定する審査の段階で、愛媛県の実態から北海道の農協に対する提案はできないかと示唆を受けた。全体の論旨から外れるのではないかと考え、その要望には応えなかったのであるが、ずっと気にはなっていた。そこで、今回、本稿の執筆依頼を受けて、再度考えてみた。

北海道農業および農協の関係者から見ると、農協「改革」なり自己改革の方向性は、専門農協化の方向のみではなく、北海道の農協をモデルとしたものとしてイメージさせるのかもしれない。つまり、「農業に関連する経済事業と営農指導事業を核とした地域農業のシステム化を成し遂げている北海道の農協」（注2）そのものである。確かに北海道の農協は営農指導員の人数が多く、その職員に占める割合も高い。そして、農業生産を拡大し、農業総産出高では二〇一五年から三年連続で過去最高を記録している。そこからは、農業関連事業の強化が農業生産につながり、販売取扱高の増加が農協経営を支えているという図式が浮かび上がる。しかし、そういった単線的な発想に対しては、北海道農業および農協の関係者から見ると、やはり違和感を有するのではないかと思えてきた。

本稿では、筆者が抱いたその違和感を問題意識とし、北海道の農協の課題に関して述べることで任を果たしたいと考える。とはいえ、北海道の地を離れて四半世紀近くなることもあり、考察内容の不十分さに関してはご寛恕いただけたら幸いである。

(1) 北海道の農協事業における要としての営農指導事業の意味

1 総合的営農指導体制とクミカン機能

北海道の農協の特徴は、農業関連事業を中心とした事業構造にあり、その要に営農指導事業が位置づく(注3)。このことは言うまでもないが、農協「改革」が描くように単線的な位置づけでは決してない。

表4・1は、一九八〇年以降の営農指導員の状況を示したものである。都府県の動向をみると一九八〇年代後半からほぼ一貫して減少しており、二〇一七年の一二、三六九人は、一九八〇年比で約三〇%の減少である。しかし、全体の職員数がそれ以上の割合で減少しているため、全職員に占める営農指導員の割合はあまり変化していない。それに対して北海道は、二〇〇〇

年代中頃に減少傾向を示すが、その後は再び増加傾向であり、一九八〇年代の水準をほぼ維持している。しかも、全職員数に占める割合は三ポイント程増加している。

営農指導員の種類別従事状況から担当部門をみると、北海道の農協では、「経営指導」に従事している営農指導員の割合が四〇％水準であり、他部門に対して一貫して高いことが確認できる。ここに北海道の営農指導事業の特徴が現れている。品目担当の技術職としての営農指導員は相対的に少人数しか配置されておらず、技術指導に関しては農業改良普及員の担当という暗黙の前提がみられた(注4)。また、歴史的には、戦後における地区生産連の設立とその再編

表 4.1　農協の営農指導員の動向

単位：人、％

北海道	営農指導員		種類別従事状況（割合）						
	職員数	割合	耕種	畜産	野菜	果樹	経営指導	農機	その他
1980	1,265	7.2	14.2	25.3	5.3	0.7	39.1	5.6	9.7
1985	1,357	7.3	15.8	20.5	9.1	0.7	41.8	4.2	8.0
1990	1,366	7.6	16.3	20.7	14.7	0.7	37.4	2.6	7.6
1995	1,361	7.5	14.8	18.3	16.2	0.6	39.5	1.5	9.1
2000	1,229	7.8	14.6	17.3	14.0	0.6	36.9	2.5	14.1
2005	1,127	8.0	17.4	18.0	12.9	0.3	38.5	0.7	12.2
2010	1,220	9.5	12.5	19.7	12.9	1.0	40.4	1.5	12.1
2015	1,251	10.0	13.7	23.2	11.5	0.8	37.6	2.3	10.8
2017	1,300	10.3	14.6	21.6	12.8	0.6	34.5	2.1	13.8

単位：人、％

都府県	営農指導員		種類別従事状況（割合）						
	職員数	割合	耕種	畜産	野菜	果樹	経営指導	農機	その他
1980	17,396	6.5	25.6	26.1	20.9	11.8	7.1	3.2	5.4
1985	17,644	6.3	25.8	23.7	23.7	11.8	7.2	2.7	5.0
1990	17,572	6.3	25.3	20.7	26.3	12.1	6.4	2.8	6.3
1995	15,881	5.7	24.7	17.7	28.1	12.6	6.8	2.7	7.4
2000	14,987	5.9	25.3	15.5	28.6	12.5	7.5	2.8	7.8
2005	13,258	6.1	25.4	13.1	30.8	12.6	7.6	1.7	8.8
2010	13,239	6.4	24.6	11.0	29.9	12.1	8.6	2.4	11.4
2015	12,642	6.6	25.3	9.6	29.6	11.4	9.4	1.0	13.7
2017	12,369	6.6	24.6	9.5	30.5	11.1	9.5	1.1	13.7

資料：総合農協統計表
注：畜産には養蚕を含む。

の中で、連合会と単協との間で役割分担的な事業展開が生じている（注5）。

そのため、要としての営農指導という意味は、この総合指導的な事業内容にある。それは、クミカンを中心とした組合員農家の営農に関する様々な情報を駆使した組合員対応のあり方である。その対応を通して組合員農家の経営強化を図り、個々の経営体の大規模化を促進し、地域農業の構造を再編する機能が営農指導事業にはある。そして、その変化する農業構造に対して、農業関連事業を展開して農家支援を行うと同時に農協も事業拡大を図る事業構図であり、迂回的な事業拡大である（注6）。

ここにおける組合員と農協の関係は、クミカンが農家の経営収支に関わることでもあり、きわめてシビアな関係になる。しかし、重要な点は組合員を区別することなく、網羅的に地域農業をとらえて営農指導事業を行ってきていることではないか。その結果として、主体的に地域農業構造を再編してきたのである。このことは、ベースとなる地域農業構造の相違にもよるが、都府県の系統農協でみられる大規模経営体への営農指導を中心としたＴＡＣや県域サポートセンターの機能とは明らかに異なる。地域農業を総合的にサポートする営農指導事業なのである。

このことは、北海道の農業・農協の関係者から見るときわめて当たり前のことと思われる。しかし、都府県の関係者は、先述したように単線的に営農指導事業の機能を把握しがちである。

北海道の農協から、地域農業を再編することにつながる営農指導事業のあり方として、こうした事業方式をもっと発信することが必要ではないかと思われる。

2　施設利用誘導型の専門的営農指導事業と生産部会機能

再び**表4・1**をみると、営農指導員の部門として「経営指導」が多いとはいえ、一九八〇年代後半からは耕種や野菜の営農指導員が増加していることも確認できる。販売作目に対応した営農指導をメインとする営農指導員であるとみられる。しかし、行政や連合会との役割分担的なことを考えると技術指導そのものではなく、生産部会（販売品目に対応した生産者組織）の運営サポートを主な機能としていると考えられる。つまり、大規模土地利用型の北海道の作目に対する生産調整が強化される中で、北海道の系統農協は、野菜作などの新規作目を導入して農業生産の維持・拡大に取り組み産地形成を図ってきたが、その取り組みの中で組合員農家を生産部会に組織化してきた（注7）。

これは、都府県の農協と同様な営農指導員の役割ではあるが、北海道の農協の生産部会機能として注目すべきは、農協が保有する減価償却施設の組合員利用に結びついたところである。こうした傾向は畑作地帯において典型的にみられる。生産調整の影響もあり、一九八〇年代は農家の作付転換が行われるが、農産物価格が低迷する状況下、新規作目の生産に関わる施設に対して、農家は積極的な投資意欲を示さなかった。そのため、農協自らが投資を行うことにより、増加する新規作付作目に対応した。そして、農協はそれらの施設・設備をよりどころとして農家を生産部会に組織化し(注8)、作付が増加する作目に対するイニシアティブを発揮する。そのことが生産から出荷面における農協の主体的な役割発揮にもつながった。

こうした傾向は、農協の施設投資がより積極的になり、大規模化する中で強化されている。そこでは、生産者の組織である生産部会と農協本体の運営が一体的になるケースもみられ(注9)、野菜作に関しても音更町の人参のように、農協直営的な事業方式による産地形成も図られた(注10)。こうした状況は、組合員農家の生産部会運営への自主的な参加という点で問題があるかと思われる。

他方、農協事業としてみると、組合員による施設の利用は、「利用事業」に分類される。これは部門別の事業総利益としてみるときわめて大きな割合を示しており、畑作地帯の事業構造の一つの特徴である。しかし、事業利益としてみると、この利用事業のみでは直接的な収益には結びついてはいない。施設の利用料金の設定については、農協ごとに考え方が異なり、直接的な運営費のみの負担の農協と減価償却費まで含んだ負担の農協があり、作況の変化による利用量の相違による変動の調整方法も様々である(注11)。対組合員としての料金設定であり、結果的にサービス部門的な位置づけとなり、事業利益が低迷する状況下では、その見直しも検討されていた(注12)。

この施設利用の料金設定に関して、愛媛県の農協における集出荷選別利用の考え方を次にみてみよう。

(2) 青果専門農協としての事業展開と共選運営

愛媛県の果樹産地においては、かつては青果専門農協による柑橘類の生産販売事業を中心として果樹振興が図られてきた。事業としては、歴史的経緯の中で信用・共済事業を有する農協もみられたが、基本的には青果部門に関する販売・購買・利用・加工・営農指導の事業展開を中心としている。その中でも組合員である果樹生産者の収入に直結する販売事業が最も重要であり、生産者が出荷してきた果実の単なる荷造り・配送業務のみではなく、生産段階から販売を意識した営農指導事業が行われてきた。そういった点では、販売事業を起点とした農家への総合的な営農指導であるが、信用事業を有していないことから農家経営指導は限定的である。

また、事業運営の特徴として、自己完結的・自己責任的な展開が行われている。その中でも、農協の利用事業に関わる共同選果場（共選）の維持管理に対する組合員中心の運営方法が注目される。それは、組合員が共選を利用する時の取り決めの設定、取り決めたルール遵守の徹底であり、組合員と共選との間には専属利用契約が取り結ばれていた。そしてさらに共選運営に関わる費用の一切（従業員の労賃、修繕経費、減価償却費、租税負担など）を利用者である組合員による自己負担で行っている。施設の減価償却期間の途中で農協利用を中止することを決断した組合員に対しては、残りの減価償却期間に支払う予定であった金額を請求するケースもあったようである。そのため、共選会計は共選毎に独立採算で行われており、利用事業はプラスマイナスゼロになる。

こうした運営方法に関しては、発生した費用の負担を求めるので、業務を改善して効率化を図る取り組みが不十分になるとの指摘もある。また、専属利用契約は強制力が強く、農家の主体性・自主性を奪っているのではないかという問題も指摘されている。しかし、自らが中心となって共選を設立して運営するという強い自覚が、自分たちの果樹産地でありブランドであるという思いにつながり、それぞれの産地に対する矜持につながっていると考えられる。

とはいえ、こうした事業内容と運営体制で農協経営が成り立っていたのは、温州みかんを中心とした柑橘類生産に関する交易条件が良好で、柑橘農家が経営的に自立できる経済的条件を有していた下でのことであった。相次ぐ輸入自由化等の影響もあり、柑橘類に関する交易条件が悪化した状況下では、利用料金が固定的であるため組合員による負担感は増大せざるを得ない。そのため、総合農協との合併や農協法の改正もあり専属利用契約に基づいた共選ルールの変更が行われてきた。そうした中でも、自主的な共選運営は継続している産地が多く、組合員参画につながる組織運営方法と組合員負担を考慮した利用事業のあり方については、北海道の農協に対して示唆的とみられる(注13)。

(3) 農協事業の要としての営農指導事業を位置づける北海道の農協の課題

北海道の農協は、農業関連事業を中心とした事業展開を行っており、その要として営農指導事業が位置づいている。そのことによって、農業生産の拡大が図られ、農業所得の増加にも寄与してきたといえる。しかし、その営農指導事業機能という点では、都府県のそれとは明らかに異なるものであり、総合的な営農指導事業を起点とした迂回的な生産拡大であった。また、営農指導事業の一環として、農協が直接投資する施設への利用誘導・維持管理を目的とした生産部会運営を行い、農協事業の全般的な拡大を図ってきた。つまり、単なる営農指導事業の強化、営農経済事業への経営資源のシフトではなく、総合的な営農指導事業の実践を通した生産拡大とそれをベースにした事業展開による農協経営の確立が図られてきたのである。そこには、矛盾する言い方ではあるが、ジェネラリストとしての営農指導員の専門性が発揮されてきたのではないか。

こうした取り組みは、組合員である農家に支持されてきたとみられる。表４・２に示したように、北海道の農協における営農指導事業収入の約三〇％が組合員からの賦課金で構成されていることが確認できる。しかも、その金額および構成割合は増加傾向を示している。これは、表４・２から分かるように、都府県とは対照的な動向である。とはいえ、より農産物の販売環境が厳しくなり、農業経営の課題がシビアになる中では、組合員に支持される営農指導事業の展開を行うために、これまで以上に組合員との信頼関係を強化することが求められる。この点に関しては、きたみら

表 4.2　農協の営農指導事業収入の変化

単位：千円、％

北海道	営農指導事業収入		
	収入合計	賦課金	割合
1980	6,490,707	1,936,731	29.8
1985	7,382,077	2,449,414	33.2
1990	7,617,799	2,835,303	37.2
1995	9,564,887	3,238,135	33.9
2000	11,074,423	3,595,351	32.5
2005	10,759,604	3,538,775	32.9
2010	10,583,369	4,165,617	39.4
2015	10,804,724	4,358,510	40.3
2017	12,070,940	4,387,798	36.4

単位：千円、％

都府県	営農指導事業収入		
	収入合計	賦課金	割合
1980	32,026,825	5,683,609	17.7
1985	28,353,928	6,312,542	22.3
1990	30,799,458	6,100,424	19.8
1995	27,864,715	5,563,424	20.0
2000	30,917,700	4,879,170	15.8
2005	20,496,696	4,470,763	21.8
2010	20,690,153	3,823,414	18.5
2015	19,111,183	3,298,758	17.3
2017	19,652,124	3,098,731	15.8

資料：総合農協統計表

い農協における技術相談を重視した出向く営農指導により、新たな合併農協としての組合員との関係を再構築する取り組みが注目される(注14)。

また、施設利用等における農協直営的な方向性のみではなく、先述した愛媛県の共選運営にみられたように、組合員の参画のあり方を再検討することが必要なのではないかと考えられる。これは、農協は自分たちの運営で成り立っている組織であるという認識を、組合員の中であらためて自覚することにつながると思われる。そのことは、人口減少が進み生活インフラが後退しつつある北海道の農村社会において、地域社会にとっても必要な農協であると自らが考えることになる。その地域と農協に対する思いから、生活事業面における農協機能のあり方(注15)が見出せるのではないかと考えられる。

そのことは、北海道の農協の立場から、地域社会における社会的経済を担う農協としての組織・事業・経営のあり方を示すことである。それは、農業関連事業を重視しつつ、総合的に事業展開を行うことの意味を示すことになる。これが、北海道の農協に求められる課題ではないかと考えられる。そして、農協「改革」や自己改革に対する実践的な提言にもなると思われる。

注

(1)こうした論理展開に関しては、増田佳昭（二〇一九）『制度環境の変化と農協の未来像』昭和堂、参照。

(2)小林国之（二〇一七）「北海道から農協改革を問う」小林国之編著『北海道から農協改革を問う』筑波書房。

(3)太田原高昭（一九九一）「地域農業の転換と農協の事業方式」牛山敬二・七戸長生編著『経済構造調整下の北海道農業』、北海道大学図書刊行会。

(4)板橋衛・坂下明彦（一九九二）「農協の営農指導の展開方式」北海道地域農業研究所『「北海道における農協の規模・事業展開に関する調査研究」報告書』。

(5)坂下明彦（二〇一八）「営農指導体制の歴史と今後」、坂下明彦・小林国之・正木卓・高橋祥世編著『総合農協のレーゾンデートル』筑波書房。

(6)坂下明彦（二〇一九）「総合農協の社会経済的機能」、田代洋一・田畑保編『食料・農業・農村の政策課題』筑波書房。

(7)板橋衛（一九九五）「北海道における生産部会の組織と機能」『農経論叢』第51集。

(8)柳村俊介（一九九二）『農村集落再編の研究』日本経済評論社。

(9)坂下明彦（二〇一九）「前掲論文」。

(10)板橋衛（二〇〇八）「広域連携型野菜振興と農協生産部会の機能」北海道地域農業研究所『流通チャネル化に対応した産地・生産部会の動向』。

(11)小林国之（二〇〇一）「畑作地帯における生産・加工施設を起点とした農協事業展開」坂下明彦他「農協の生産・営農指導事業の収益化方策に関する研究―北海道を対象として―」『協同組合奨励研究報告』第二十七輯。

(12) 板橋衛（一九九八）「農協事業利益低迷下における営農・販売事業運営と組合員負担の再検討」『協同組合研究』第18巻第1号。
(13) 板橋衛（二〇二〇）『果樹産地の再編と農協』筑波書房。
(14) 河田大輔・小林国之・正木卓・山内庸平（二〇一六）「組合員の営農指導ニーズに対応した出向く営農指導の変遷と機能変化」『協同組合研究』第35巻第2号。
(15) 小林国之（二〇一七）「農業・農村のものさしづくりと社会的経済システムとしての農協」小林国之編著『前掲書』、坂下明彦（二〇一九）「前掲論文」。

5　北海道の農協に期待すること――協同の現場からの情報発信を――

林　芙俊

はじめに

筆者は、二〇〇〇年から二〇〇八年にかけて北海道大学大学院農学研究科に在籍していた。その間、地域農業研究所の研究事業に参加させていただき、北海道の農協の実態に触れる機会を数多く与えていただいた。

その後、二〇一三年より現在まで秋田県において研究・教育に携わってきたが、そこでの経験を通じて、改めて北海道の農協の優秀さを実感している。北海道と府県では、農協のあり方も大きく異なっているが、それに応じて自分自身の農協についての見方も変化してきていると感じる。

本稿では、筆者が府県での経験を通じて考えた問題点のうち、情報発信に関わるものについて論じ、この点に関して北海道の農協にどのようなことを期待するのかを記してみたい。

（1）理念と価値観を競争力とする

株式会社など他の企業形態と比較したときに、農協が協同組合であることの優位性、強みとは何だろうか。

一昔前の専門書では、協同組合では組合員が組織化されているので、事業の計画化が容易であると述べられていた。具体的には、「予約購買」などの事業の仕組みを想定したもののようであった。

しかしこれは、ＩＣＴ（情報通信技術）を活用し高度にシステム化された現代企業のロジスティクスと比較すると、あまりに素朴な発想で、これを協同組合という企業形態に固有の競争力と捉えるのは現実と乖離した認識といわざるをえない。

また、実態面からみて一般企業と大きく異なるのは、組合員と職員の距離の近さ、親密さであろう。一般企業の営業担当が飛び込みで営業活動をおこなう場合、家にあがって話を聞いてもらうだけでも大変な労力を要するが、農協職員の場合、状況は大きく異なるであろう。

こうした違いが生じるのは、農協が特定の地域における特定の人的ネットワークを基盤として設立されているからである。言い換えると、範囲は狭いが関係の深いステークホルダー（利害関係者）を持つためである。

これと比較すると、企業のステークホルダーは、関係が浅く範囲が広いということができる。この場合のステークホルダーには、顧客だけでなくサプライヤーを含めて考えている。すなわち、企業は販売の面でも調達の面でもグローバルに活動することができる。農協の場合は、販売事業においては調達の側面が、購買事業においては「販売」（供給）の側面が、特定の地域に閉じられた世界となっている。

農協と企業のこのような相違について、どちらが勝るのか優劣を論じるよりは、それぞれの特性を活かした事業のあり方を追求することが重要である。ただ、組合員との関係性を事業面での強みとしてゆく上で、現在のやり方が本当に望ましいのか、疑問もある。この点については、次項で述べてみたい。

さて、以上のように考えると、協同組合の優位性とはなんだか頼りないものにも思える。これに対して筆者としては、農協の理念や価値観が、人々を惹きつける魅力を持つことにより、新たな競争力が生み出される可能性を主張したいと考えている。競争力というのは例えば、組合員が同じ資材を調達するにしても、商系ではなく農協を選ぶといったことである。当然、価格や品質、利便性で選ばれることが望ましいが、それに加えて農協の理念に共感するから農協を利用する、という理由も付け加わる可能性があるのではないかということである。

農協の組織外に対しても、農産物の流通において同様の効果が得られることもあるだろうし、わが国の農業に対する理解や支持の高まりという効果ももたらされるかもしれない。これらが「新たな」競争力であると書いたのは、現在ではまだ競争力といえるほどのメリットを発揮できておらず、可能性にとどまっているという認識からである。

もちろん、協同組合が非営利の組織であること、特定の理念や価値観を共有する人々の組織であり、協同組合原則に象徴されるような株式会社とは異なる価値観を有する組織であることは、改めて主張するまでもないことであろう。

しかし、理念や価値観が、協同組合の優位性となりうることを明確に主張する議論は、今まで少なかったように思う。協同組合が企業とは異なる理念を有するという主張は数多くなされているが、それでは実際に、理念への共感が農協の組合員となった最大の理由だ、という人がどれだけいるだろうか。

ただし、これまでの農協の取り組みに、十分に魅力があり、国民から広く共感を得られるようなものがなかったわけではない。この点については、情報発信のやり方にも問題があったのではないだろうか。

営利企業にも、理念や価値観のようなものを掲げるものはあるし、その重要性は徐々に高まりつつあるように思われる。長きにわたるグローバリゼーションや新自由主義的な社会の変化のなかで、人々は弱肉強食の世界に疲れている。そうしたなかで、社会の閉塞感を打破するビジョンを求める気持ちも強まっている。

本来であれば協同組合が、そのような人々の思いの受け皿になればよいのだが、現実には企業の動きも目につく。プラットフォーマーと呼ばれる企業には、イノベーションにより実際に私たちの生活を変化させながら、価値観や理念を掲げるものが見受けられる。Ｇｏｏｇｌｅの場合、「Don't be evil（悪にならない）」もしくは「Do the right thing（正しいことをしよう）」という行動規範を有していると言われている。

Ａｍａｚｏｎの場合には、「地球上で最もお客様を大切にする企業」を企業理念としている。これはマーケティングのテキストに書いてあることを強い言葉で述べただけではあるが、理念と捉えることも可能である。

実際には、プラットフォーマーは様々な批判を受けており、サービスの利便性は評価されていても、素晴らしい価値観を持った企業だという評価が定着しているとはいえない。しかし、価値観や理念を軸にしたマーケティングにより大きな成功を収める企業が、いずれは出現するのではないだろうか。

実際、一部の分野では、口先だけのスローガンとしての理念から、中身をともなう理念の実践へと深化する兆候も見られる。それは、気候変動問題（地球温暖化問題）に関する取り組みである。近年、この問題を論じるに際して、「気候正義」という言葉が使われるようになっている。CO_2排出削減と経済成長が両立するかという問題をこえて、もはやこのままCO2を排出し続けることは、将来世代の生存環境を脅かすという不正義の問題とみなさざるを得ないところまで深刻化している。

一部の業界では、気候変動問題に本気で取り組む動きが広がっている。代表的なのは、保険業界である。大規模気象災害が頻発するなかで多額の保険金が支払われることを考えれば、この業界が気候変動を深刻な脅威と捉えているであろうことは、容易に想像できる。

金融業界も同様のようである。これまで、気候変動に関する国際交渉の盛り上がりに応じて、環境に配慮したグリーン投資の一時的なブームが繰り返されてきたが、今後は徐々に定着してゆく流れのようである。企業活動やサプライチェーンがグローバル化すると、世界のどこかでおきた気象災害がビジネス全体に及ぼす影響は極めて大きくなる。したがって、この業界においても気候変動問題に真剣に取り組んでいるかが、重要な投資の基準になりつつある。

もちろん、気候変動問題への対処をグローバルな課題として取りあげる動きには、政治的あるいはビジネス的な主導権争いが絡んでいる。しかし、こうした動きは今後ますます加速してゆくのではないかと考える。

そうしたなかで、あれだけ経済利益を追求することしか考えていなかった日本の企業も、社会的責任をかなり考えるようになった、という評価が取り沙汰される日が、いつかはやってくるのではないだろうか。

そのとき、わが国の農協はどのような評価を受けているのだろうか。企業よりもいち早く社会的な責任を果たしてきた存在として、再評価されているだろうか。それとも、相変わらず抵抗勢力のように扱われているのだろうか。現在は、後者の状況へと続く道を辿っているような気がしてならない。

気候変動問題だけでなく、貧困撲滅など人類の抱える多様な問題の解決を包括的にめざす枠組みである「ＳＤＧＳ（持続可能な開発目標）」に注目し、それと協同組合理念との類似性を強調する議論もある。しかし、一部の先進事例を別とすれば、ＳＤＧＳで掲げられている目標の実現に日々努力しているという農協は少ないであろう。研修会などで農協職員と話をしても、SDGsという言葉も聞いたことがないという方が多いのは、残念なことである。

このような点も少しずつ変えてゆく必要があるが、当面の対応としては、グローバルな問題について、実態のともなわない貢献度をアピールしても、成果があがるとは思えない。理念や目標を掲げるだけで評価してくれるほど、広報活動は甘いものではないだろう。

それよりも、農協にはもっと内実をともなう成果をあげてきた、協同の取り組みがあるはずである。ここでは、例として産地形成への取り組みをあげておきたい。グローバルな社会の動きについて述べてきたところから、議論がいきなりスケールダウンするようで恐縮だが、青果物などの産地形成のストーリーは、多くの人々に農協の魅力を訴える材料としては大変有力なものであると考えている。実際のところ、筆者が農協を研究する道を志したのは、産地形成に取り組む農家と農協職員の営為に心を動かされたためである。

産地形成というと、平たくいえば野菜農家や果樹農家、あるいは畜産農家がいかに儲けるかという話であり、ビジネスベースの議論で、これまで述べてきた気候変動問題とは大きく異なるように思われるかもしれない。

しかし、逆にそれがよいのである。企業の社会的責任を問う文脈のなかで、企業活動の「本業」とは別のところで慈善事業をするよりも、本業そのものにおける社会貢献を重視すべきことは、常に強調されてきたところである。産地形成は、まさに農協の「本業」の一つであり、北海道の農協の場合には、とくにその側面が強いといえよう。

そして、産地形成の取り組みには、ビジネスベースの動きだけでなく、理念や価値観にもとづく行動も多くみられる。自らリスクをとって新規作物導入の先例となりつつ、地域の農家をまとめてゆくリーダー農家などの献身的な働きは、相互扶助の理念を体現するものである。それだけではなく、産地形成の取り組みには別の価値観も含まれている。言葉で表現するのは難しいが、地域に根ざした経済活動を発展させようという思いがあるように思われる。ここで「地域に根ざした」というのは、単に地理空間的な位置の問題だけでなく、地域に固有の気候や風土、文化などの影響を受けつつ事業を展開するということである。

農協のこのような取り組みに、本当に人々を惹きつける魅力があるのだろうか。唐突ではあるがNHKのテレビ番組「プロジェクトX」と、その後継番組である「プロフェッショナル」を例にして、この問題をもう少し考えてみたい。

まず、「プロフェッショナル」で、私の在住する秋田の企業が取りあげられた回についてみていきたい。その企業は清酒を製造しているが、筆者は放送終了後、たまたまその企業を訪問し経営者にお話しを伺う機会に恵まれた。そこで説明を受けた企業理念は、次のようなものであった。

清酒製造では様々な測定をおこない、得られたデータを製造管理に活用するのが一般的だが、それはマニュアル化につながり製品の個性が失われる。そのため、技術者の感性に全面的に依拠した製造方法を採用しており、それができる社員を自社の競争力の源泉と捉えて大切にしているとのことであった。また、同業他社の多くが首都圏の市場をメインターゲットとするなかで販売は地元中心とし、全国的な流行ではなく地域住民の嗜好に合うものを主力商品としているとのことだった。

その企業の特徴とされている製造技術や、実際に見た製造現場の状況も、このような経営理念を反映しているものであった。それだけでなく、筆者自身がこの企業の商品を味わった体験とも結びつき、「あの味は、このような経営理念のもとで作られていたのか」と納得させられる思いであった。そして、この経営理念には、農産物の産地形成において見出される、地域に根ざした経済活動をしたいという価値観と共通するものを感じた。

その後、改めてこの企業をとりあげた「プロフェッショナル」を視聴すると、製造技術の特徴については説明がなされていたが、あとは製造責任者が現場に泊まり込んで熱心に作業するという内容であった。筆者としては、この企業の魅力の根本にはユニークな経営理念があって、新しい製造技術に挑戦したことも、経営理念に裏打ちされてのことであったと理解していたので、それが紹介されないのは残念なことであった。

もうひとつの例として、「プロジェクトX」で、わが国でもっとも成功している小売企業の一つであるセブンイレブンを取りあげた回についても述べておきたい。セブンイレブンにはフランチャイズ加盟店との関係などに批判もあるが、流通に関わる様々なイノベーションを成し遂げてきたことは確かである。

そのセブンイレブンについて番組が取りあげた内容は、日本で事業を展開するために米国企業とライセンス契約を結ぶ際、交渉が難航し苦労したこと、一号店の開店の日に手に汗を握りしめながら初めての来店者を迎えた様子であった。

ここで紹介した二つの例では、それぞれの企業を支える経営理念や、実現したイノベーションの具体的な内容については説明されていない。予備知識のない視聴者に対して、短い放送時間のなかで与える情報としては、これが限界なのかもしれない。しかし、このような内容でも番組は高い視聴率を記録し、視聴者は毎回心を動かされるのである。

これを農協の情報発信と比較してみるとどうだろうか。系統農協の作成するパンフレットや冊子には、農協の理念や、国民に対する食料の安定供給を担っていること、農家と農村の暮らしを守っていることなどが述べられている。

こうした農協の情報発信を見ていて気付くのは、理念を実現させるための並外れた努力や、リスクを引き受けて挑戦する姿勢が描かれていないことである。先にみたテレビ番組では、経営理念やイノベーションの本質についての情報は欠けていたが、こうした人間の姿が描かれていた。それを考えれば、系統農協の発信する情報からは、協同に関わる人間の姿が見えてこないことが問題ではないだろうか。

系統農協もテレビCMを放映することがあるが、背広を着た朴訥そうな職員が登場するなど、「まじめ」というイメージを打ち出そうとしていることが見て取れる。これについても、イメージ戦略として優れているのか疑問に感じることがある。同じようなイメージ戦略をとっていたのが日本郵便であったが、こちらはキャッチコピーそのものが「バカまじめ」であったから、より露骨であった。郵便事業とは別会社となっているが、グループ企業のひとつであるかんぽ生命において、詐欺まがいの不適切な営業が社会問題となったことを考えると、まじめアピールは何だったのかという気持ちにさせられる。農協においても大小様々な不祥事が多発しており、他人事とは思えない話である。

結局のところ、このようなイメージ戦略に対して筆者が抱いたのは、「まじめさ」というのは、旧態依然とした事業のあり方や、ビジネスセンスの欠如を美化するものにすぎなかったという印象である。

このような情報発信しかできないのも、ある意味やむを得ない面がある。情報発信の多くを担っているのは、中央会や連合会などの全国あるいは県段階の組織である。そうした組織には、実際に農村の現場で産地形成などに取り組んだ経験がある職員は少ないだろう。協同の取り組みについて迫力とリアリティーをもって伝えるためには、実際に活動に取り組んでいる単協レベルからの情報発信に取り組む必要がある。

北海道では、産地形成の取り組みをはじめとして、人を感動させるような地域に根ざした取り組みが数多くあるはずである。そうした情報を積極的に発信されることを期待したい。

(2) 組合員志向を徹底させる農協改革のあり方

「農協自主改革」についての情報発信にも、前節で述べたのと同様の問題が見受けられる。よく見受けられるのが、「農産物の販売を強化しました」といった実績のアピールである。しかし、事業の仕組みについて絶えず改善を図るのは当然の取り組みである。どのような変化が改革の名に値する取り組みなのかをよく考え、ささいな変更まで改革実績アピールに用いるのは控えた方がよいのではないだろうか。

筆者は、農協にもっとも必要とされている改革の内容は、組織としての考え方や、組織文化を変革し、組合員志向を深く根付かせることだと考えている。組合員志向というのは、もともとは「顧客志向」というマーケティングの用語である。農協においても、農産物の販売先という意味での顧客の満足度を高めてゆくという意味での顧客志向は、かなり浸透しているという印象をもっている。

しかし、購買事業など組合員が受け手となる事業の場合の「顧客志向」は不十分のようである。ここで、組合員は顧客ではないので、ここでは「組合員志向」と言い換えているわけである。

例えば、農家を訪問した際にペットボトルのお茶をいただいて恐縮していると、「農協に入っていると付き合いでこのようなものも買わなければならないからね」ということがあった。お茶をもらった方が必要以上に遠慮しないようにという配慮も含まれていたかもしれないが、これは多くの組合員が感じている実感でもあるのではないだろうか。

このような形で事業を推進できるのは、前節で述べたように、組合員との関係性が狭く深いからである。しかし、買ってくれるから売るという態度は、組合員志向にもとづく事業のあり方とはいえない。その資材を供給することが、本当に組合員の生活経済の向上に資するのかという問題を、深く考える必要がある。組合員との関係性に寄りかかった事業のあり方は、農協の持つ強みを活かしているには違いないが、協同組合が本来めざした相互扶助とは、そのようなものではないはずである。長期的にみれば組合員との関係性自体を弱体化させ、将来の事業基盤を損耗させる可能性があるという意味で、永続性を欠く事業のあり方といわざるをえない。

ここで主張したいのは、ただちにこのような資材供給をやめるべきということではない。これまで当然のようにおこなわれてきた事業のやり方を、組合員志向の視点から考え直すことが必要であり、それも個々の事業についてバラバラに検討するのではなく、どのような農協をめざすのかと将来ビジョンに結びつける形で展望を描くことが必要である。さらに、そうしたビジョンを十分に組合員や職員に周知し共有することが必要である。

組織文化を改革しても、対外的に何をどう変えたのかを説明するのは難しいように思われるため、改革に取り組んでいることをアピールする材料としては、不向きかもしれない。しかし、それは改革の目的をはき違えた考え方である。

改革というものは、外部からの改革圧力をかわすためにおこなうのではなく、組合員や地域農業のためにおこなうものである。そうであるならば、改革の成果は、まずは組合員に伝わればよいのである。本当に組合員志向が浸透しているならば、それは確実に組合員に認識されるはずであるし、役職員としても、そのような手応えが得られるはずである。

そうなったときには、結果として対外的に誇れるような成果が数多く出ているはずである。組織の根本にふれることなく、改革といえそうな取り組みのリストから出来そうなものを選ぶといったやり方では、真の改革とならないし、前節で述べたような、人々の共感を呼び起こすようなストーリーは生まれないのである。

おわりに

北海道の農協は、これまで独自の路線を歩んできた側面がある。目立つところでは、ホクレンは全農とは統合せず、農協合併も府県ほどには進んでいないことがあげられる。それは非難されるべきことではなく、自らの進む道を自ら決める協同組合のあり方として、誇るべきことである。

しかし将来的には、制度的な環境が、そうしたあり方を揺るがす可能性もある。ＪＡグループとしての方針であればともかく、法律には従わざるを得ないからである。例えば農協法に、一定規模以上の農協に対して、上場企業の経営者を経験した人物を理事に加えよ、と定められたらどうなるか、考えてみて欲しい。員外利用規制を人質に改革を迫るようなやり方を見ていると、このような法制度の改正は、非現実的なものとは思えないし、全農に対してはすでにこれに近いことがおこなわれている。

本稿で述べてきたような情報発信を怠れば、実態を踏まえない荒唐無稽な農協批判をとどめることはできず、そうなれば外部から理不尽な改革を強要される可能性は高まる。北海道の農協から、人々の共感を呼び起こす協同のストーリーが発信されることを期待したい。

6　北海道の農協の到達点と課題―北海道からのコメント―

高橋　祥世

第Ⅱ部では「農協の現在と可能性」というテーマで五名の識者が各々の視点から北海道の農協の分析を行っている。ここでは各論考の主張をもとに北海道の農協の現段階的特徴と課題について整理し、最後に北海道の農協の展望について述べていきたい。

(1) 北海道の農協の特徴

北海道の農協の現段階的特徴を整理すると、まず農業関連事業の占める割合が大きいことが挙げられる。信用事業を軸にして事業展開してきた都府県の農協に対し、北海道の農協は経済事業と営農指導事業を軸に事業展開を行ってきた。都府県農協では赤字部門とされている営農指導事業も賦課金を基盤に独立採算部門として成立している。都府県の農協とは大きく異なるこの事業構造について増田稿では「都府県農協の多くで農業部門が信用部門に依存しているのに対して、北海道では、農業部門が財務的に『自立』して」おり、営農指導費も含めて農業部門事業利益が黒字であることは「特筆ものである」と評価している（七二頁）。

北海道の農協においては営農指導事業が農協の事業展開の要となってきた。北海道の農協の営農指導事業は生産から販売までを含めた「地域農業を総合的にサポートする営農指導事業」（板橋稿）であり、総合事業方式と呼ばれる。板橋氏は営農指導事業には地域農業の構造を再編する機能があるとし、北海道の農協は農業関連事業の展開による農家支援と同時に農協の事業拡大を図る事業構造になっており、それによって「迂回的な事業拡大」を実現していると分析している（一一〇頁）。

また農業関連事業の自立と関連して、北海道では経営的に安定した農協が広域合併ではなく協同組合間協同によって問題解決に取り組む動きが活発化している。両角稿によれば「担い手不足、中山間地域の後退、農業の多面的機能の低下といった問題は地域ごとの対応が求められる」（一〇三頁）が、北海道においては農業地帯構成がほぼ行政区域と重なっており地域の課題への対応は基本的に行政区域が単位となる。そのため、両角稿ではオホーツク農協連を事例として北海道においてはネットワーク型農協が地区連という形態で展開する可能性が高いことを指摘している。増田稿でも北海道の農協の協同組合間協同について、農業部門の自立を前提とする北海道の農協の協同組合間協同は、信用事業の収支に農業関連事業が左右され農協の経営問題を広域合併により解決しようとしてきた都府県農協にとって、学ぶべき点が多いと述べている（七五頁）。北海道においては地理的な条件もあるが農協合併の進展が都府県と比較すると緩やかであり、各地域に根差した農協がその規模に関わらず経営の安定を図りつつ、時に農協同士のネットワークを形成しながら地域農業の実情に合わせて独自の解決策を打ち出してきたのである。

それと関連して増田稿では北海道の農協は一組合当たりの正組合員数が都府県農協と比較してはるかに少ない点を指摘している。この分析によれば北海道の正組合員や役員は現役農家が多い。役員の年齢層も全国平均と比べると低くなっており、理事一人当たりの正組合員戸数も都府県の八分の一程度となっている。より現場に近い農家が地域の代表として選出されている実態があり、「役員の農業との近さ、現場の組合員農家との近さは、農協の自立性にとって大事な要件であるが、それがよく担保されている」（七〇頁）と評している。

また、北海道の農協の特徴として、准組合員の比率が高いことが挙げられる。同じく増田稿によれば北海道の准組合員は一般の企業が立地しにくい農村部における信用事業や店舗・ガソリンスタンド事業の利用が中心であると考えられ、農協が社会的インフラとしての役割を果たしている。その一方で北海道の准組合員は都市部を抱えた農協の金融利用に集中している、という分析もあり（注1）、北海道の准組合員については地域ごとに異なる特徴を持っていると考えられる。その性格や利用状況等については地域性を考慮したさらなる検証が必要であろう。

これらの特徴は北海道の農協が農業関連事業に特に力を入れてきたゆえのものであり、その独自の進化は内地の農協関係者からも高く評価されてきたところであり、林稿や板橋稿では、農協が取り組んできた人々の共感を呼ぶような産地形成にまつわる協同のストーリーや、地域農業再編に繋がる営農指導事業方式など内地の農協への示唆に富む情報を北海道農協からより積極的に発信することの重要性を指摘している。

（2）北海道の農協がかかえる課題

その一方で、北海道の農協はいくつか課題も抱えている。その一つが青柳稿で指摘されている収益改善の問題である。これによれば北海道において規模拡大を図る個別経営の資金需要はあるものの、道内全体の農業金融市場は縮小している。北海道の農協においても組合員数は減少しており、営農指導事業を支える賦課金収入が減少することも合わせて、今後、農協の経営状態に影響が出てくることが予想されるとしている（八五頁）。また、北海道の農協で地域の他業種への積極的な融資によって貯貸率を向上させている事例に触れ、農協が地域金融機関として農業関連産業資金や生活資金等の貸出を積極的に行い、新しい「開発型農協」として地域産業の発展に貢献していくことを提唱している（九〇頁）。

次に組合員との関係性についてである。増田稿では協同組合の自治の観点から「当事者たちが意思決定に関われる仕組みをどう保証するか」が農協運営の要であるとしている（七五頁）。板橋稿でも自主的な共選運営が多い愛媛県の事例をもとに組合員参画に繋がる組織運営や組合員の負担を考慮した利用事業のあり方が北海道にとっても示唆に富むとし、北海道では組合員にとっても自分たちの運営で農協が成り立っているという自覚を持った参画のあり方を再検討する必要性があると述べている（一一七頁）。北海道ではこれまで農協が時に強いリーダーシップを発揮しながら地域農業の再編に大きな役割を果たしてきたが、農業者の多様化や高齢化によって組合員が減少していく中で、いかに「組合員との信頼関係を強化」（板橋稿）し、農協の組織力を高め地域農業を再編していくのかが課題となっている。

また板橋稿では北海道の農協が「地域社会における社会的経済を担う農協としての組織・事

業・経営のあり方を示す」ことが課題であるとして、生活事業への取組の必要性について言及している。

（3）北海道の農協への新しい視点

以上、本書の内容をもとに北海道の農協の特徴と課題について述べてきたが、これらは基本的には営農の側面から見た北海道の農協の分析であり、生活面からの分析については生活事業の必要性が指摘されるにとどまっていた。北海道は全国有数の農業地帯であり、そこで重要な役割を担っている農協が営農面に焦点を当てられるのは当然のことかもしれないが、まさにこの営農面のみに光を当てられてきたところに北海道の農協の弱点があるのではないだろうか。

北海道農業には全国の食料供給基地として食料の安定供給が歴史的使命として常に課せられてきた。内地から見れば北海道の農協はその目的を達成するための機関であり、その機能がまずは評価される。そのため内地から北海道の農業あるいは農協を見る視点は常に俯瞰的であり、担い手である農家はデータとしてその増減に関心を持たれることはあるかもしれないが、農村で生活する血の通った人間として関心を持たれることは期待出来ない。

しかし、農協は農家の営農と生活を守る組織であり、とくに北海道に暮らすわれわれは北海道の農協を営農だけでなく生活の視点からも見つめる必要がある。農家にとって営農を守ることが生活を守ることの前提にあるとしても、営農を守るだけでは生活を守ることにはならないのである。「生活」というものは定義しづらいものであるが、それは「生活」がそれだけ多面的な性格をもつものであり、その多様性が時代とともにより複雑に深化しているからであろう。「生活を守る」とは狭義には農協が厚生病院や生活店舗、ガソリンスタンド等を運営し農村での社会的インフラを担うことを意味する。しかし、より広義には「住民がその地域で暮らし続けられること」そのものである。

それではこれまで北海道の農協において「住民」や「地域」とはどのように捉えられてきたのだろうか。「構造改革の優等生」と呼ばれ大規模専業農家を中心に産地形成されてきた北海道では経営規模の拡大や所得向上が共通の目標として設置され、農協もその目標に向かって邁進してきた。その基本構造は今でも継続していると考えられる。だが、現在ではそれだけでなく、最低限の再生産はクリアしながらも規模拡大や所得向上以外のことに価値を見いだす農家も増えてきている。農家以外の住民についても、在村離農の高齢者世帯や農的な暮らしに魅力を感じ都会からやって来る移住者などが増え、北海道の農村生活においても新しい価値観が生まれている。

こうした農村の変化は果たして北海道の農協の組織体制や地域農業のシステムに反映されているだろうか。人的組織である協同組合においては民主的な話し合いによる合意形成が求められる。そこが協同組合の要であるが、営農中心で発展してきた北海道農協においてこれまで運営者は地域の代表的な農家が選出されることが多かった。これは地域の中でも比較的規模が大きく所得が高い農家の経営主であり、ほとんどの場合が男性であることを意味する。小規模農家や新規就農者、女性農業者等は農協の活動に参加したり事業を利用したりすることあっても意思決定の場に参加することは少ない。

増田稿では農協合併により力の弱い地域や組合員グループが「周辺化」され活力をなくしてしまわないようにすることが都府県農協の重要な課題であると指摘しているが（七六頁）、北海道の農協においても農家単位ではなく、より小さな、しかし決して無視してはいけない農業従事者や地域住民という単位でみれば「周辺化」されている人々が存在するのである。北海道の農協においては「人々」や「地域」を専業農家が農業生産をする場所としてだけではなく、多彩な人々が暮らす場所として捉えなおす必要がある。農業に従事していない都市の住民等も消費者として農協のサポーターとなるのであり、農を基軸に食や生活、地域という視点をもった活動を展開していくことが求められている。

北海道の農協は経済事業に注力して発展してきた。それは北海道の農協の強みである。しかし、営農の側面のみに注目することは北海道の農協の協同組合としての存在意義を危うくする可能性がある。協同組合の論理ではなく市場の論理が組織を侵食していないか厳しい自己点検を自らに課し、協同組合の原点を常に振り返る必要がある。そのためには組合員教育も重要であろう。農協には市場原理とは異なる社会経済の担い手としての役割があり、自分の存在意義を見失ってはならないのである。

農協は営農と生活の両輪で成り立っている。北海道の農協が営農と生活の二つの車輪で動き始めた時、北海道の農協は協同組合としての真の自立を果たすのであり、外部からの農協改革圧力に対する協同組合戦線の最前に立つ存在となるであろう。

注

（1）坂下明彦編著『総合農協のレーゾンデートル』筑波書房、二〇一六年、七八頁。

おわりにかえて

坂下明彦

一

一九六八年に「開基」一〇〇年を標榜して顰蹙を買った北海道は、一五〇年目には「改名」と表現を改め、アイヌ民族への配慮をみせた。その立場から言えば、本州・四国・九州から渡ってきた「和人」が北海道からふるさとを指して「内地」を語るとはいかがなものかと言うことになる。沖縄のように琉球を母体とし、太平洋戦争での内外からの攻撃と戦後の占領統治を受けたところが、「本土」を語るのとは意味合いが異なるのである。

「内地」はわれわれ世代では日常用語であるが、経済史の分野でこの用語がご法度となってきたのは、アイヌモシリに対する遠慮というわけではない。北海道といえども日本資本主義による規定性が貫徹しており、「内地」に対する「外地」あるいは内国殖民地という規定は、その一般性を軽視する間違いだという考えが根底にあったような気がする（注1）。

しかし、こうしたかなり硬直的な理解は次第に影響力を失い、むしろ北海道がおかれてきた国際環境や内国殖民地としての性格把握に研究の重点が移ってきている。蝦夷地そのものも広く交易体制の中に位置づけられるようになり、単なる狩猟・採集社会ではなかったことが明らかになっている（注2）。北海道の土地利用を考えても（**図終1**）、畑地開墾から始まり、稲作化と集約的畑作化の方向とは別に、混牧林ベースの馬産・酪農から牧草専用地に立地する酪農が分立している（注3）。これらを、移民元の土地利用と比較する視点は重要である。

二

これまで「内地」の研究者が北海道農業に対して関心

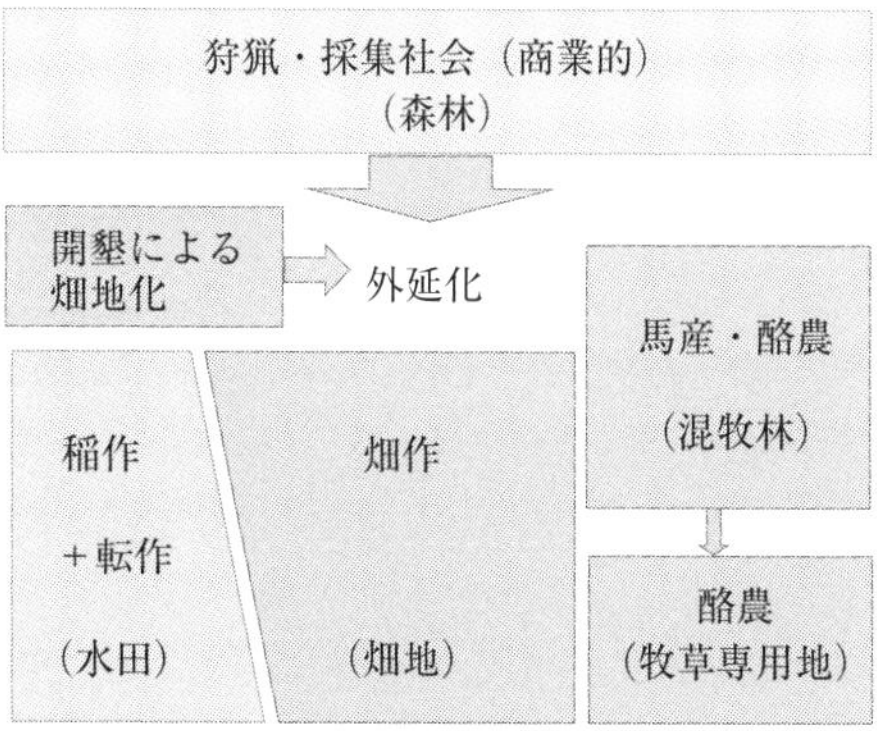

図終1　北海道における農用地の地目変化と経営形態
注：北海道地域農業研究所HPデータベースより（坂下明彦作成）。

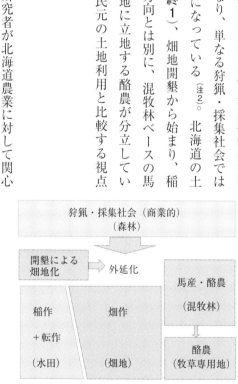

を持たなかったかというとそうではない。私の院生時代でも名の通った先生方が頻繁に調査にみえ、同行した私たちは調査の手法や農業構造の把握などでずいぶん勉強させていただいた。ただし、それは私が中国の農村に行って夢中になるのと同じであり、「内地」との連続性を追求するものではなかったと思われる。例えば一九七五年センサスの分析本（注4）で農業構造を担当した伊藤喜雄は「以下の分析は一応内地都府県を重点的に行い、必要に応じて北海道にも触れることにする。沖縄県についても事情は違うが、同じ扱いをしよう」（二一二頁）と述べている。北海道と沖縄は例外規定とし、「内地」を扱うと言い切っている。また、北海道側の研究者も北大を中心に「モンロー主義的」視野からの研究に終始していたことも否定できない。その中にあって、旧農業総合研究所北海道支所の存在は大きく、例えば斎藤仁『旧北海道拓殖銀行論』などの名著が生まれている。

北海道農業が日本農業の中で注目されるようになったのは、一九八〇年センサスだったと記憶する。磯辺俊彦はその分析本（注5）の終章で「（二極分化傾向の）鈍化と反転のなかで特異な位置にあるのが北海道農業」であり、「これらの異同の性格を具体的に解明することは今後の日本農業の動向を見定めるのに大事なポイントであろう」と位置づけている。その後の日本農業の研究の中で北海道農業研究が大きな比重を得たとは思われないが、北海道育ちの研究者が多数輩出されたことで北海道に対する違和感もかなり解消されたようである。

　また、北海道農業自体が、一九八五年以降大きく変化を見せ、「内地化」（岩崎徹）の局面に入ったことも大きい（注6）。例えば、統計で示せば**図終2**のように、かつて農地所有権移動の中心であった売買移動は賃貸借にその座を譲っている。また、近年の農業生産法人の増加とそこへの関心の高まりにより、北海道は必ずしも大規模地帯とはみなされなくなっている。

　構造分析そのものが次第に疎かになるのは気になるところではあるが、北海道と「内地」の壁は低くなっている。内地からの北海道農業研究、北海道からの日本農業研究がともに進展することを願って、おわりにかえたい。

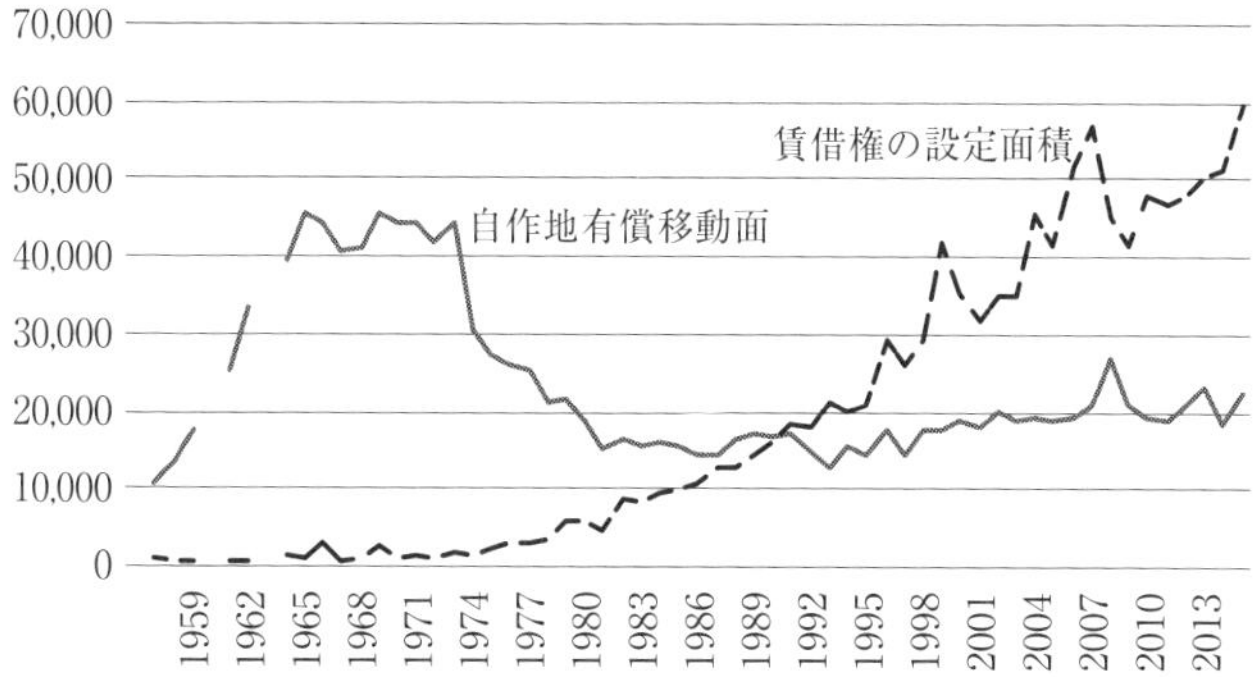

図終2　農地の売買と賃貸借面積（北海道）

注：1）坂下明彦「総合農協の社会経済的機能—北海道の転換に注目して—」田代洋一・田畑保編『食料・農業・農村の政策課題』筑波書房、2019。資料は『北海道農地年報』。
2）農業（開発）公社による農地保有合理化事業によるダブルカウントが売買・賃貸借ともに存在しているが修正していない。

注

(1)例えば伊藤俊夫編『北海道における資本と農業』農林省農業総合研究所、一九五八年。
(2)瀬川拓郎『アイヌの歴史』講談社選書メチエ、二〇一三年。
(3)坂下明彦「主要農業地帯の特徴と構造① 北海道」日本農業経済学会編『農業経済学事典』丸善出版、二〇一九年、四一〇～一一頁。
(4)梶井功編著『日本農業の構造─一九七五年農業センサス分析』農林統計協会、一九七六年。
(5)磯辺俊彦他編著『一九八〇年世界農林業センサス 日本農業の構造分析』農林統計協会、一九八二年。
(6)岩崎徹・牛山敬二編著『北海道農業の構造変動と地帯構成』北大出版会、二〇〇六年、終章。

執筆者紹介（執筆順）

安藤光義　東京大学教授
盛田清秀　元東北大学教授
田畑　保　明治大学名誉教授
正木　卓　酪農学園大学准教授
増田佳昭　滋賀県立大学名誉教授
青柳　斉　新潟大学名誉教授
両角和夫　東北大学名誉教授
板橋　衛　北海道大学教授（執筆時は愛媛大学教授）
林　芙俊　秋田県立大学准教授
高橋祥世　北海道地域農業研究所嘱託研究員
坂下明彦　北海道地域農業研究所所長・北海道大学名誉教授　（編者）

内地からみた北海道の農業と農協

2023年１月18日　第１版第１刷発行

編　者　坂下明彦／北海道地域農業研究所
発行者　鶴見　治彦
発行所　筑波書房
東京都新宿区神楽坂２－16－5
〒162－0825
電話03（3267）8599
郵便振替00150－3－39715
http：//www.tsukuba-shobo.co.jp

定価はカバーに示してあります

印刷／製本　中央精版印刷株式会社

ISBN978-4-8119-0640-9　C3061